高校数学でわかるシュレディンガー方程式

量子力学を学びたい人、ほんとうに理解したい人へ

竹内　淳　著

ブルーバックス

- ●装幀／芦澤泰偉・児崎雅淑
- ●カバーイラスト・目次・扉デザイン／中山康子
- ●図版／さくら工芸社

まえがき

　おそらく本書を手にとられた読者は、今までに「量子」という言葉や「シュレディンガー方程式」という言葉を聞いたことがあるでしょう。しかし、本当はどういう意味なのか知らないという方が少なくないと思います。あるいは、ちょっと勉強したものの、よくわからなかったという方も多いかもしれません。

　量子論や、量子力学の入門書や教科書は数多くありますが、やさしさを追求した本では、シュレディンガー方程式にほとんど触れないのが普通です。一方、シュレディンガー方程式を解説する本では、逆に難しすぎる場合が多いようです。難しすぎると、シュレディンガー方程式にたどり着ける人は限られます。

　実は、シュレディンガー方程式をマスターしないと、量子力学を理解したとは言えません。そこで本書では、やさしくシュレディンガー方程式を解説することに最重点を置きました。したがって、類書の構成とは異なって、第1部でシュレディンガー方程式を取り扱います。類書のほとんどは、量子力学誕生の歴史から説明を始めます。しかし、歴史的な発展過程を順を追ってきちんと理解するためには、実は相当な物理学の知識を必要とします。このため、シュレディンガー方程式にたどり着く前に、量子力学の理解をあきらめてしまう人も少なくないのです。

また、量子力学が扱う世界は日常の生活とは大きさが異なる世界なので、（日常生活の）常識が通じない部分があります。量子力学のおもしろさをアピールするためにそういう部分を強調する類書もありますが、へたをするとそこにつまずいて量子力学の理解をあきらめることにもなりかねません。

　本書では、初めて量子力学に接する読者がそういう箇所に迷い込むことのないよう構成を工夫しました。シュレディンガー方程式に至るまでの歴史を、できうる限り最短距離にとどめるようにしたことはその工夫の1つです。
　数学もできるだけやさしくしたので、科学の好きな高校生にも理解できると思います。量子力学が初めての読者にはちょっと恐ろしいような式が続く箇所もありますが、高校数学レベルの知識さえあればわかるように構成しました。たださらっと読み流すのではなく、場合によっては紙とペンを使って自分で式を追いながら読み進めるようにしてください。例えば、1桁のかけ算なら誰でもできますが、3桁のかけ算を暗算でできる人は希です。ところが、紙とペンを使えば誰でも3桁のかけ算はできます。このように、紙とペンを使うだけで、人間の計算能力や思考力は大幅に向上するのです。
　一方、内容のレベルは、大学で学ぶ標準的な量子力学とほぼ同じにしました。したがって、量子力学がわからなくて困っている大学生のみなさんにもお役に立つでしょう。もちろん、量子力学を学んでみたいという社会人のみ

まえがき

なさんにもお役に立てると思います。

　なお、本書を読み進めるには、力学や電磁気学の基礎的な知識をわずかながら必要とする場合があります。筆者は力学のやさしい解説書として『物理が苦手になる前に』（岩波ジュニア新書）を、電磁気学のやさしい解説書として『高校数学でわかるマクスウェル方程式』（講談社ブルーバックス）をすでに出版していますが、これらのやさしい解説で十分間に合います。

　第1部でシュレディンガー方程式を導いた後で、第2部で原子の姿を説明します。そして、第3部ではシュレディンガー方程式の解き方を説明します。

　第3部は量子力学の計算を必要とする方や、大学で量子力学の単位を取りたい方には有用な情報が満載されています。みなさんの必要性に合わせて、ご自由に読み進めてください。

　それでは、シュレディンガー方程式を理解するための第一歩を踏み出しましょう。

もくじ

まえがき ——— 3

第1部
シュレディンガー方程式への旅

1 量子力学の誕生 ——— 12
量子力学で扱う対象は？ 12
量子力学の夜明け 13
溶鉱炉の温度をどうやって測るのか？ 15
プランクの提案 20
アインシュタインの登場 24
光は波なのか、それとも粒子なのか 25
光子の運動量 29
hから$\hbar$へ 31
電子も波である 33
光子計数器(フォトンカウンター)による観測 35
電子の二重スリットの実験 38

2 波を表す式 ——— 39
マイナス×マイナス 40
波を表すのに便利な虚数 43
オイラーの公式 46
波の絶対値の2乗 51
波動関数 52
簡単な微分 54

3 シュレディンガー方程式 ― 55

シュレディンガー方程式を導く 55

時間に依存するシュレディンガー方程式 60

物理量の求め方 61

ブラケット表示 64

可換な演算子 65

不確定性関係 67

パルスの秘密 71

フーリエ変換 73

4 波動関数とは ― 75

時間に依存しない
シュレディンガー方程式の解の形 75

規格化条件 80

電子のエネルギーを求める 82

波動関数の直交性 84

方程式発見までのシュレディンガー 85

第2部
原子の姿

1 波としての電子 ― 90

電子の発見者トムソンの原子モデル 90

散乱 93

ラザフォード-長岡モデルの矛盾 95

原子のモデルの複雑化 102

シュレディンガーのインド哲学 105

2 量子数とはなにか ── 107

水素原子　107
土星モデルによる磁気量子数の説明　111
シュテルンとゲルラハの実験　112
スピンの提案　116
スピンの歳差運動　118
スピン軌道相互作用　120
パウリの排他原理　121
フェルミ粒子とボース粒子　123
電子と光子　126

3 核と核分裂 ── 127

質量と電荷の矛盾　127
原子核の中の力　129
同位原子　131
半減期　133
核分裂の発見　134
原子爆弾の開発　137

4 エレクトロニクスと量子力学 ── 143

量子力学が実際に役立っている分野　143
スピントロニクス　146
量子コンピューティング　147
量子力学の重要性　149

第3部
シュレディンガー方程式を解く——計算編

1 解析的に解く —— 154
紙とペンを使った解き方 154

2 数値的に解く —— 158
コンピューター(パソコン)を使って解く 158
数値計算の実際 163

3 外からの影響がある場合 —— 173
外場がかかった場合 173
量子井戸に電場がかかった場合 174
定常状態での摂動論 176
シュタルク効果の場合 182
時間に依存する摂動論 185
おわりに 187

付 録
波動関数の直交性 188
分散とは 189

あとがき —— 192
参考文献 —— 196
さくいん —— 198

第1部

シュレディンガー方程式への旅

1 量子力学の誕生

■量子力学で扱う対象は？

　量子力学で扱う対象は、電子や原子のような微小なものです。原子のような小さな世界では、「ふだん私たちが慣れ親しんでいる大きさの世界の常識」が通じない現象が起こります。これらの現象を理解するために量子力学が作られました。

　量子力学の対象は、原子や電子、そしてさらに小さい素粒子と呼ばれるものまで数多いのですが、大学レベルの（初歩の）量子力学で学ぶのは、主に電子と光子です。また、エレクトロニクスなど現在の最先端の工学分野に関わるのも、主にこの2つです。したがって、本書ではこの2つを主に取り扱います。

　とくに本書の主題であるシュレディンガー方程式は、ほぼ電子の計算のみに使われます。したがって、量子力学の世界では、電子が主人公で、光子が副主人公です。これに原子の知識を少し積み上げれば、大学レベルの標準的な量子力学となります。

　電子が動けば電流になり、言うまでもなく数々の電化製品が私たちの日常生活を助けています。また、光子は光を構成する粒子であり、光は直接目で見ることができます。電子や光子は大きさで言えばとても小さい世界の存在ですが、みなさんにとって身近な存在です。ですから量子力学

とは遠い世界ではなく、私たちのすぐそばの世界を描写する物理学です。

電子と光子、この2つのうち、量子力学の幕開けになったのは、光子に関わる問題でした。

■量子力学の夜明け

1871年、ドイツ北部の国家プロイセンは鉄血宰相と呼ばれたビスマルク（1815～1898）の指導の下に、ナポレオン3世（1808～1873）（有名なナポレオンの甥）のフランスを打ち破り、パリを占領しました。その結果、戦勝国プロイセンは鉄鉱石と石炭が豊富なアルザス・ロレーヌ（エルザス・ロートリンゲン）地方を手に入れました。ちょうどその年の1871年から1873年にかけて、明治政府の指導者たちは欧米を視察し、大久保利通（1830～1878）らはフランスに勝ったプロイセンに強い影響を受けました。

それまで小さな国に分かれていたドイツは、プロイセンの指導の下に統一され、先進国に追いつくために富国強兵を急ぎました。それから30年、ドイツは急速な工業化により、当時ヨーロッパ随一の工業国であったイギリスと肩をならべるところまで来ていました（写真I-1）。

「鉄は国家なり」とはよく使われる言葉ですが、近代国家を築き上げるために鉄は不可欠です。1900年を間もなく迎えようとするドイツでは、溶鉱炉の中の温度をどうやって測るかが大きな問題になっていました。

鉄を何度まで上昇させ、炭素などの不純物をどの程度混ぜるかによって、できあがる鉄の性質は大きく変わりま

写真1-1　1873年に設立されたフェルクリンゲン製鉄所（© AKG／PPS）

す。例えば、炭素の濃度が高い場合には硬い鉄ができあがり、低くなるにつれて軟らかい鉄になります。鉄に硬いとか軟らかいなどという種類があるというと驚くかもしれませんが、硬い鉄の一例は、包丁などの刃物の鉄です。包丁を使うと、ときおり刃が欠けることがあるように、硬い鉄は「もろい」という弱点を持ちます。

一方、鉄の使用目的によっては、軟らかくてねばり強い鉄が要求されることもあります。例えば、針金は軟らかい鉄の代表例で、細いものは指先で曲げられます。

炭素の濃度と鉄が溶ける温度には関係があり、炭素の濃度が高い方が、低い温度で鉄が溶けます。さらに、鉄をゆっくり冷やすか、急激に冷やすかによっても鉄の性質は変わってきます。このように、一定の品質の鉄を安定に生産するためには、溶鉱炉の温度を常に一定に保つ必要があ

り、そのために温度を正確に測る必要があるのです。

　溶鉱炉の内部の温度は、当時の熟練工が溶けた鉄の色を見ながら判断していました。いわゆる「経験と勘(かん)」ができあがる鉄の性質を大きく左右しました。鉄の色は温度が上がるにつれて、赤からオレンジ色、そして黄色へと変化していきます。しかし、一口で赤とかオレンジとか表現できれば簡単なのですが、実際は赤からオレンジ、それに黄色にいたる様々な色を含んでいて、温度を上げるにつれて微妙な色の変化をします。したがって、その微妙な色の判別には熟練を要しました。

■溶鉱炉の温度をどうやって測るのか？

　良質の鉄を大量に生産するためには、少数の熟練工では足りません。かといって、経験不足の工具の判断にまかせると温度の判断をまちがって、異なる性質の鉄ができあがります。それを工業製品に使うと、本来硬くなければいけない鉄が軟らかかったり、本来ねばり強くなければいけない鉄がもろかったりします。最悪の場合、それらの鉄を使ってできあがった機械や大砲は予想をしない壊れ方をして重大事故になる可能性があります。そこで、科学者たちが、この溶鉱炉の温度をどうやって測るかという問題に取り組むことになりました。

　熟練工の目に頼らずに鉄の色（温度）を判別するための方法を探し求めた科学者たちは、やがて「分光器を使えばよい」という答えを出しました。分光器は、高校の物理で習った回折格子を使って光を波長によって分ける器械で

す。この分光器で分けられた光の強さを表すグラフを**スペクトル**と呼びます。このスペクトルの形は溶鉱炉の中の温度によって異なります。そこで職人が「これでよい」と言った温度でスペクトルを測定し、次からはそのスペクトルと同じ形になるように温度を管理すればよいということになりました。したがって、職人の勘に頼らなくてもよくなったのです。

　分光器の原理を簡単に見ておきましょう（図1-1）。分光器の中には微細な溝を多数切った回折格子が使われています。

　回折格子に入射した光が、「波の重ね合わせ」に基づいて回折する性質を利用して分光します。この回折条件は高校の物理で学びますが、「隣りの溝で回折した光との光路差 L が、光の波長 λ の整数倍になる方向で光が強めあう」というものです。

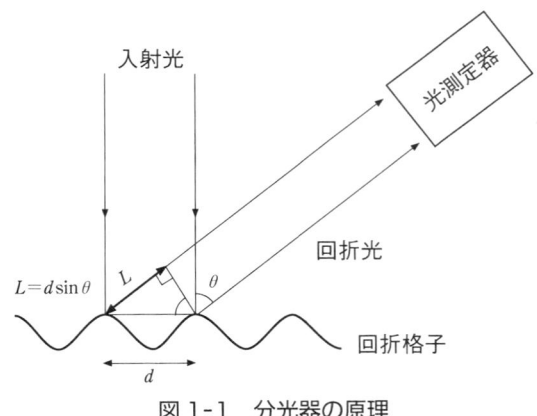

図1-1　分光器の原理

例えば、図1-1のように回折格子に垂直に光が入射した場合では

$$n\lambda = L \quad (n は整数)$$
$$= d\sin\theta$$

です。d は隣の溝との間隔です。通常は $n=1$ の回折が使われることが多く、これを１次の回折光と呼びます。波長 λ が変わると、上の式に従って回折角 θ が変わるので、回折角 θ を測れば波長がわかります。例えば、

$$\lambda = 0.5\mu m, \ n=1, \ d=1\mu m$$

の場合、$\theta = 30$度 です。波長が0.5μm（マイクロメートル：μは10^{-6}）ではなく0.6μmであれば、$\theta = 37$度、波長が0.7μmであれば、$\theta = 44$度 となります。測定では、回折角だけでなく、その回折角での回折光の強さも測定します。こうして得られた回折光の強さを縦軸に、そして波長を横軸に書いたグラフがスペクトルです。

回折格子の溝の間隔 d は、可視光を測定する場合、1μm（1mmの1000分の１）程度です。回折格子を使って測る波長と、回折格子の溝の間隔が同じ程度の大きさであることを覚えておきましょう。この関係は、物理学の世界では大変役に立ちます。

図1-2は、1800K（ケルビン：絶対温度の単位。絶対零度は－273℃）と2500Kでの溶鉱炉内のスペクトルです。鉄が溶ける温度は約1800Kですが、溶鉱炉の中の最も高温の部分では2500Kを超えます。溶鉱炉内の温度が変わると

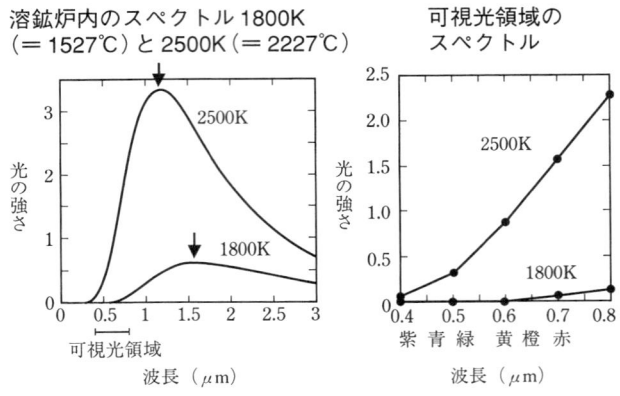

図1-2 溶鉱炉内の2500Kと1800Kのスペクトル

スペクトルの形が変化します。温度が高くなるにつれて、短い波長の光が強くなり、スペクトルのピークも短い波長側にずれます。例えば、1800K（＝1527℃）では、波長1.6μm付近で最大ですが、2500K（＝2227℃）では、1.1μm付近に移動します。このように、スペクトルの形から溶鉱炉内の温度を知ることができます。

一方、目で温度を測る職人芸はかなり大変です。人間の目に見える光（可視光）は、波長0.4μmから0.8μmぐらいです。図1-2の右のグラフは、左のグラフから可視光の領域を抜き出したものです。1800Kでは、赤が強く、これにオレンジや黄色が混じります。2500Kでも赤やオレンジや黄色が中心ですが、それに緑や青が少し混じってきます。すべての可視光が混じると人間の目には白に見えるの

で、2500Kでは1800Kより少し白っぽくみえます。ただし、赤やオレンジが色の主成分であることは変わらないので、素人が見分けるのは容易ではありません。実際の溶鉱炉の温度の調整では、もっと細かな温度の変化を知る必要があるので相当の熟練を要しました。

　分光器の使用によって、ドイツを悩ました工業上の大問題は解決しました。その後もドイツの鉄の生産量は飛躍的に伸びていきました（図1-3）。これで万々歳のはずです。しかし、科学者たちはいったんは喜んだものの、まだまだ満足しませんでした。なぜなら、「どうしてスペクトルはこのような形をしているのか？」という問題が新たに浮上したからです。

　20世紀初頭には、科学上のほとんどの問題は、すでに解決されたものと信じられていました。また、もし未解決の

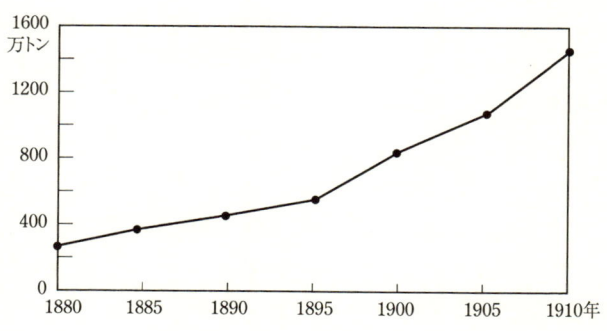

図1-3　ドイツの鉄の生産量
大阪朝日新聞 1914.11.25（大正3）

問題が残っているとしても、それらは、ニュートン（1643～1727）の力学とマクスウェル（1831～1879）の電磁気学を駆使すれば必ず解決できると信じられていました。そこにこのスペクトルの問題が浮上したのです。

写真1-2　プランク

■プランクの提案

　この溶鉱炉の鉄の色（スペクトル）の問題に、多くの科学者が取り組みました。しかし、その解決は簡単ではありませんでした。やっと謎を解いたのはベルリン大学の教授プランク（1858～1947）でした（写真1-2）。1900年に発表されたプランクの理論の中核には、それまでの力学や電磁気学にはなかった新しい考えが1つ取り入れられていました。それは、溶鉱炉から出てくる光のエネルギー E は振動数 ν の h 倍であるというものです。式で書くと

$$E = h\nu$$

となります。この h は、プランクが求めた定数（プランク定数と呼ばれる）で $h = 6.626 \times 10^{-34}$ J·s（ジュール・秒）という値を持ちます。

　振動数とは、光が1秒間に進む間に含まれる波の数です。例えば、真空中を進む波長 0.5μm の光の振動数は光速が秒速30万kmなので

$$光速/0.5\mu m = 秒速30万km/0.5\mu m$$
$$= 秒速3\times10^8 m/0.5\times10^{-6} m$$
$$= 6\times10^{14} Hz$$

になります(図1-4 Hz:ヘルツ。1秒間の振動回数)。真空中とわざわざ断ったのは、屈折率の違う媒質(例えばガラス)の中では光速が遅くなるからです。プランク定数 h を日本の多くの物理学者たちは「エイチ」とは読まずドイツ語読みで「ハー」と読みます。$E=h\nu$ は「イー イコール ハーニュー」です。これは物理学では磁場をHで表す場合が多いので、混乱を避けるためです。

プランクの式によると、エネルギーは振動数に比例するので、振動数が大きいほど(すなわち、波長が短いほど)エネルギーは大きいことになります。

光にエネルギーがあるというと、驚く読者がいるかもし

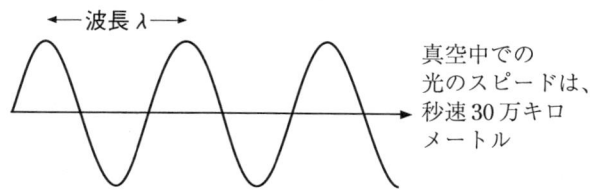

振動数=光が1秒間に進む間に含まれる波の数
　　　=光速/波長
　　　=秒速30万キロメートル/波長

図1-4　波長と振動数の関係

れませんが、これを実体験するのは簡単です。太陽の光に手をかざしていると、やがて手が温かくなります。これは太陽の光のエネルギーが熱に変わったから温かくなるのです。虫めがねで太陽光を集光すると、紙に火をつけることができるのも、光がエネルギーを持っていることの証拠です。

　プランクの理論に従うと、波長が短くなるほどエネルギーが強くなるので、赤よりオレンジ、オレンジより緑、緑より青、青より紫の方がエネルギーが大きくなります。

　紫より波長の短い光は、紫外線と呼ばれます。紫外線は人間の目には見えませんが、大きなエネルギーを持っています。紫外線が持っている大きなエネルギーは、ちょうど遺伝子に影響する大きさなので、遺伝子に悪影響を及ぼし、普通の細胞をガン化させる可能性を持っています。昔と違って日光浴が奨励されないのは、太陽光線の危険性が認識されたためです。

　プランクの式を信じると、ある一定の振動数 ν の光では、$h\nu$ より小さいエネルギーの光、例えば振動数が ν で、エネルギーが $h\nu$ の0.5倍の光は存在しないことになります。この当時、光のエネルギーが $h\nu$ より小さな値を持てないというのはまったく新しい概念でした。このエネルギーの最小の大きさを、「エネルギー量子」と呼びます。「子」には、非常に小さくてそれ以上分割できないという意味があります。数年後にプランクは、光のエネルギーは $h\nu$ だけでなく、その整数倍の値もとれることに気づきました。式で書くと、光のエネルギーは

$$E = nh\nu$$

となります。ここでnは正の整数です。したがって、光のエネルギーの値は図1-5のようにとびとびになります。このプランクの式が、量子力学の幕開けとなりました。

プランクは光が$h\nu$の整数倍しかとれないのは、溶鉱炉の中に光が閉じ込められているからだと考えました。溶鉱炉の中から出てくる光に固有の現象だと考えたのです。

プランクはこの研究によって、1918年にノーベル賞を受賞しました。1910年代にドイツは科学力の強化のために、カイザー・ヴィルヘルム協会を設立し、その傘下に多数の研究所を設立しました。カイザーとは、カエサル(シーザー)から転じて皇帝を表すようになったドイツ語で、直訳すれば「ヴィルヘルム皇帝協会」になります。

当時、科学の新興国アメリカでは巨額の資金を投じたカーネギー研究所などが設立されており、それに対抗する

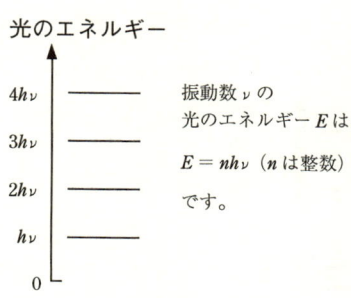

図1-5 とびとびの値をとる光のエネルギー

ためにこの協会が設立されたのです。プランクは1930年に、カイザー・ヴィルヘルム協会の総裁に任命されました。しかし、後にナチスのユダヤ人科学者に対する処遇に抗議して辞職しました。1945年に第二次世界大戦が終わると、カイザー・ヴィルヘルム協会は彼の名にちなんでマックス・プランク協会と名を変え、プランクは再び総裁に任命されて1947年に没するまでその地位にとどまりました。

■アインシュタインの登場

1900年のプランクの発表から5年後に、「$E=nh\nu$ の関係は光が溶鉱炉に閉じこめられていることとは関係がない」という解釈が現れました。新説を発表したのは、当時26歳の無名の青年、アインシュタイン（1879〜1955）でした（写真1-3）。

写真1-3 アインシュタイン

ドイツ南部の町ウルムに生まれた彼の少年時代は、ビスマルクの指導の下に富国強兵を図るドイツの歴史と重なります。ウルムの街にはドイツでいちばん高い塔（161m）を持つ教会があり、この教会の前の広場に面してアインシュタインの家がありました。筆者はこの塔を登ったことがありますが、終わりがないほど長く感じられるらせん階段を登りきると、やっと屋根の上に上がれます。ところが、屋根の真ん中にはさ

らにらせん階段があって、それを登るとやっと頂上に達します。

アインシュタインは、終生自由を追い求めた研究者でした。当時のドイツの堅苦しい教育を嫌ったアインシュタインは、16歳のとき両親のイタリアへの移住を転機としてスイスのチューリッヒに移り、翌年名門スイス連邦工科大学に進みました。数学と物理の成績は優秀でしたが、群を抜くほど目立った学生ではありませんでした。このため、卒業後は大学のポストに就けず、スイス中部の町ベルンの特許局に職を得ました。

アインシュタインは、光のエネルギーが $E=nh\nu$ の値をとるのは、光が $E=h\nu$ のエネルギーを持つ粒子からできていて、その粒子が2個あるときのエネルギーが $2h\nu$ となり、n 個あるときのエネルギーが $nh\nu$ になると考えました。彼の解釈では、光のエネルギーが $nh\nu$ になるのは、プランクの考えとは違って、溶鉱炉の中の光だけに限られるのではなく、すべての光に共通の性質であることになります。アインシュタインはこの光の粒子を光量子と名付けました（この説は「光量子仮説」と呼ばれました）。現在では、この光の粒は**光子（フォトン）**と呼ばれています。

■光は波なのか、それとも粒子なのか

光が波であるのか、粒子であるのかは、ニュートンの時代から大論争がありました。イギリスのニュートンは粒子説を唱え、オランダのホイヘンス（1629～1695）は波動説

を唱えました。この論争は世紀を越えて続きましたが、20世紀の初頭では既に決着がついていると信じられていました。当時の結論では、「光は波」でした。なぜなら、ヤング（1773～1829）の干渉の実験（後に説明します）によって光が波であることは明らかになっていました。さらに理論的にはマクスウェルが「光は電場と磁場で構成される波＝電磁波」の一種であるという式（**マクスウェル方程式**）をすでに導いていたからです。

そこに、アインシュタインが再び光の粒子説を持ち出したのです。当然、論争が巻き起こりました。読者のみなさんも、光が波なのか、粒子なのか、混乱することでしょう。私たちがふだん目にする大きさの世界では、粒子と波の両方の性質を持つものはありません。例えば、野球のボールは粒子として振る舞い、波の性質を認めることはできません。また海岸に打ち寄せる波はあくまで波であって、粒子の性質はありません。

写真1-4　レーナルト

しかし、このアインシュタインの光量子仮説を使えば、**光電効果**と呼ばれる現象がよく説明できることがわかりました。光電効果（図1-6）とは、金属に光を照射すると電子がとび出すという現象で、1902年にドイツのレーナルト（**写真1-4**　1862～1947）によって詳しく調べられました。金属の中には自由に動き回っている電子（自由電子）が数多く存

第1部　シュレディンガー方程式への旅

光電効果：
金属に光を照射すると、電子が光からエネルギーをもらって、飛び出す現象です。

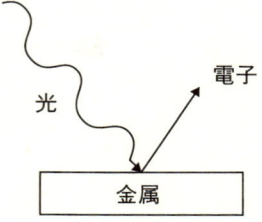

波長の短い（振動数の大きい）光を照射すると飛び出す電子のエネルギーが大きくなりました。
ちなみに、電子の速度をVとすると、運動エネルギーEは、

$$E = \frac{1}{2}mV^2$$

で表されます。

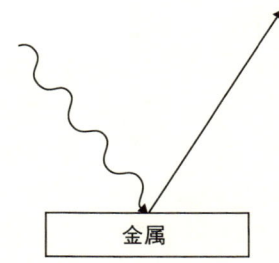

照射する光を強くすると飛び出す電子の数は増えましたが、1個1個の電子のエネルギーは変わりませんでした。

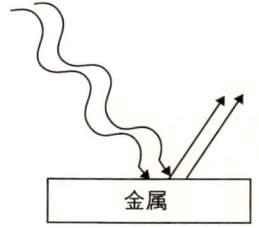

図1-6　光電効果とは？

在しており、金属に光を照射すると、この電子が光からエネルギーをもらって金属の外に飛び出します。電子の速度を測れば、電子の運動エネルギーを知ることができます。光電効果で飛び出した電子の運動エネルギーは、照射する光の波長を短くするほど（つまり振動数が大きいほど）大きくなることがわかりました。一方、波長を固定したままで照射する光を強くしても電子1個の運動エネルギーは変わらず、ただ、飛び出す電子の数が増えました。

この現象は、光が $E=h\nu$ のエネルギーを持つ粒子であると考えるとよく説明できます。光の波長を短くするほど $E=h\nu$ の関係によって光のエネルギーは大きくなるので、光子1個が電子1個に与えるエネルギーも大きくなっていきます。

波長を固定して光の照射強度を強くした場合は、波長を変えたわけではないので、光子1個が電子1個に与えるエネルギーは変わらず、飛び出す電子のエネルギーも変わりません。しかし光子の数が増えるので、エネルギーをもらう電子の数も増え、外に飛び出す電子の数は増えます。このように光電効果をよく説明できるのです。

したがって、アインシュタインの説はやがて広く認められるようになりました。「光は、$E=h\nu$ のエネルギーを持つ光子からできており、その光子は波としての性質もあわせ持っている」と考えられるようになったのです。

同じ年に、アインシュタインは有名な特殊相対性理論も発表しました。そこで、この1905年は「奇跡の年」と呼ばれています。アインシュタインの業績としては、一般に

は、相対性理論の方が有名ですが、1921年に贈られたノーベル賞は、この「光が粒子であるという説＝光量子仮説」に贈られたものです。

興味深いことに、プランクはこのアインシュタインの光量子仮説をなかなか認めませんでした。プランクは、それよりも特殊相対性理論を高く評価し、相対性理論の学界への紹介に力を尽くしました。

■光子の運動量

「光が粒子であるなら、ボールと同じように運動量を持っているはず」、アインシュタインはそう考えました。ニュートン力学での運動量は、質量（m）×速度（v）で表されます。光子の運動量は、どのように書けるのでしょうか。光量子仮説の発表から11年後に、アインシュタインは光の運動量 p は、プランク定数を波長 λ で割った

$$p = \frac{h}{\lambda} \quad ①$$

で表されることを理論的に導きました。

アインシュタインが提唱したこの関係は、それから7年後の1923年に、アメリカ人物理学者コンプトン（写真1-5　1892〜1962）の実験によってその正しさが実証されました。図1-7のようにコンプトンは、

写真1-5　コンプトン

ビリヤードで、球Aを打って、球Bをはじく場合を考えてみましょう。
球Bのどの場所に、どのようなスピードで球Aを当てるかによって球B
と球Aのはじかれた後のスピードと方向は決まります。
この両者を決めるのは、エネルギーと運動量の保存則です。
ビリヤードの選手は、経験的にほぼこの法則を体得しているので、球の
動きが予測できます。

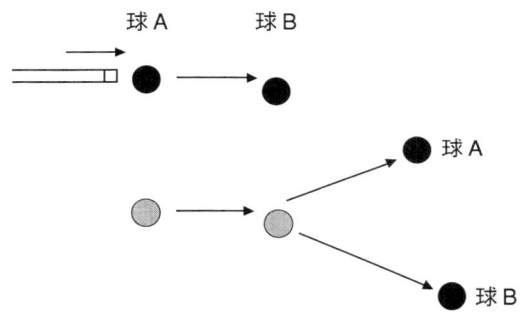

コンプトンは、球Aに光子を、球Bに電子を用いた実験を行いました。
その結果、

光子の運動量 p を $\quad p = \dfrac{h}{\lambda}$

エネルギー E を $\quad E = h\nu$

として計算すると、ビリヤードの球と同じようにエネルギーと運動量
の保存則を満たし、この散乱が計算できることがわかったのです。

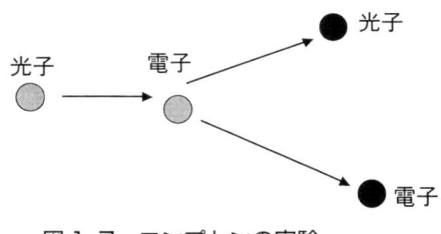

図 1-7 コンプトンの実験

静止している電子に光子をぶつけて、はじかれた光子のエネルギーと方向を調べました。粒子と粒子の衝突の問題を解くためには、力学で学んだように**エネルギーの保存則**と**運動量の保存則**を満たす必要があります。アインシュタインの説に従って光子を $\frac{h}{\lambda}$ の運動量を持つ粒子とみなして計算すると、実験結果とよく一致することがわかりました。まさに、アインシュタインの天才を証明する結果になったのです。

■ h から $\hbar$ へ

さて、ここまでに出てきた要点を再掲しましょう。光は

$$E = h\nu$$

のエネルギーと

$$p = \frac{h}{\lambda}$$

の運動量を持つ光子でできている。また、光子は粒子性と波であるという2つの性質を持っていること。これが、ここまでに学んだ重要なことです。

量子力学では、h の他に h を 2π で割ったという定数 $\hbar$（エイチバーと読む）もよく使います。そこでこの2つの式も $\hbar$ を使って書き直しておきましょう。

まず、エネルギーを表す式 $E = h\nu$ を $\hbar$ を使って表すと

$$E = h\nu = \hbar(2\pi)\nu = \hbar\omega \qquad ②$$

となります。ω（オメガ）は角振動数と呼ばれる量で、振動数 ν に 2π をかけたものです。後で見るように波を表す場合、振動数 ν を使うよりも角振動数 ω を使う方が便利です。また、シュレディンガー方程式の中に $\frac{h}{2\pi}$ という量がたくさん出てくるため、それをいちいち書くと面倒なので $\hbar$ を使うようになりました。

同様に運動量を表す式①は、次のように $p=\hbar k$ に書き換えられます。

$$p=\frac{h}{\lambda}=\frac{2\pi\hbar}{\lambda}=\hbar k \qquad ③$$

ここで $k\left(=\frac{2\pi}{\lambda}\right)$ は波数と呼び、2π を波長 λ で割った量です。波数 k が大きいということは波長 λ が短いことを意味します。真空中の光の速度は波長にかかわらず同じなので、波長が短いということは、1秒間に光が進む間に含まれる波の数が多いことを意味します。つまり波数は「波の数」を表します。

大学の授業の量子力学の単位を取るためには、この2つの式

$$E=h\nu=\hbar\omega \qquad ②$$
$$p=\frac{h}{\lambda}=\hbar k \qquad ③$$

は、ともに暗記する必要があります。

第1部 シュレディンガー方程式への旅

■電子も波である

アインシュタインの活躍によって、光子は波だけでなく粒子の性質もあわせ持つことが明らかになりました。この波と粒子という二重性を、それまで粒子と考えられていた電子も持っているのではないかと考えた物理学者がいました。フランスのド・ブロイ（写真1-6　1892〜1987）です。ド・ブロイの「ド」は貴族を表す称号です。名門貴族の家

写真1-6　ド・ブロイ

系に生まれたド・ブロイは当初、外交官になるために歴史を学びました。しかし、パリ大学在学中に物理学と数学への興味にとりつかれて理系に転身したのです。

コンプトンの実験の翌年に、彼は電子も光子と同じく波の性質を持ち、$E=\hbar\omega$ と $p=\hbar k$ の関係が成り立つと提唱しました。このド・ブロイの提唱によって、光子に加えて電子も粒子と波の二重性を持つかどうか検証する必要が生まれました。

しかし、波なのか、それとも粒子なのかを見分ける方法はあるのでしょうか。ボールなら、見ただけで粒子であることがわかりますが、電子や光子はとても小さくて、簡単には見分けられません。

波であることを確かめる方法の1つに、「干渉」を見る方法があります。干渉とは、波と波の重ね合わせによってできる現象です。

例えば、図1-8のように、ある点Aから球状に広がっていく波を考えましょう。その隣の点Bから球状に広がっていく波があったとします。この2つの点から離れたところに仮想的なスクリーンを置いて観察すると、波の強いところと弱いところが現れます。波の強い点Sから2つの波の源A、Bまでの距離SAとSBの間には

$$SA - SB = n\lambda \qquad (nは整数)$$

の関係が成り立ち、この式で表される地点で両方の波が強め合っています。

　一方、波の弱い点Wから2つの波の源A、Bまでの距

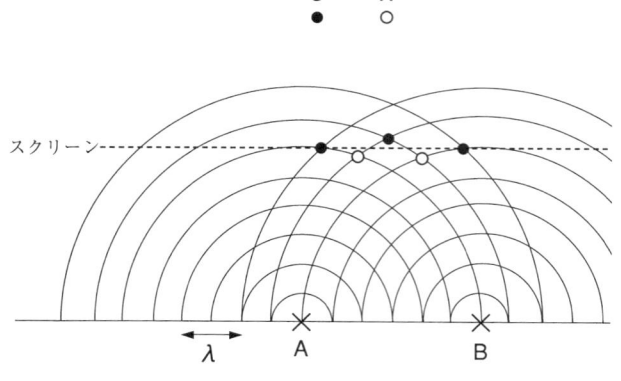

図1-8　波の干渉

離では

$$WA - WB = \left(n + \frac{1}{2}\right)\lambda \qquad （nは整数）$$

が成り立っていて、ちょうど半波長だけずれているので、Aから来る波とBから来る波の大きさは同じですが向きが反対です。したがって、打ち消し合ってゼロになります。ですから、スクリーンを置いた場所で波の強弱が縞模様になって現れれば、それが波である証拠です。例えば、光の場合は、このスクリーンの位置にフィルムをおいて感光させれば、この縞模様を写真にすることができます。この縞模様を干渉縞と呼びます。

このように、球状に広がる波を球面波と呼びます。では、球面波はどのように作ればよいのでしょう。実は、球面波を作る簡単な方法があります。一様に同じ方向に伝わる波を平面波と呼びますが、平面波の通り道にスリット（隙間）を置くのです。すると、波は壁に堰き止められますが、スリットから漏れ出す波は球面波になります。

スリットの穴を2つあけておけば、球面波が2つ発生し図のような実験をすることができます。このような実験は、スリットを2つ使うことから、「二重スリットの実験」と呼ばれています。

■光子計数器（フォトンカウンター）による観測

光を使った二重スリットによる干渉の実験は、1803年に

写真1-7 ヤング

ヤング（写真1-7）によって行われました。その結果、光が波の性質を持つことが証明されました。

写真1-8Aは、スクリーンでの映像です。干渉縞がきれいに見えています。この写真は浜松ホトニクス（株）の土屋裕らが1982年に行った実験によるものです。この写真には1つ秘密があります。よく眺めてみてください。おわかりになるでしょうか。縞模様をよく眺めると小さな点の集まりでできていることがわかります。実はこの写真は、画面上の光子1個まで画像計測できる光子計数器（フォトンカウンター）と呼ばれる、きわめて高感度の測定器で観察したものなのです。この1個、1個の点が驚くべきことに光子1個1個によるものです。ヤングの時代には存在しなかった高いテクノロジーの成果です。

写真1-8Bは、照射した光子の数をずっと少なくしたものです。縞模様の存在がやっとわかる程度（わからないという読者も多いと思います）ですが、光子がどのような場所に散らばって飛んでいったかがよくわかります。このように光子計数器で測定すると、光が光子1個1個からできていて、なおかつ波の性質をあわせ持つことがよくわかります。

この写真には、1つ不思議なことがあります。というのは、光子はいっぺんに飛ばしたのではなく、1個ずつ順番

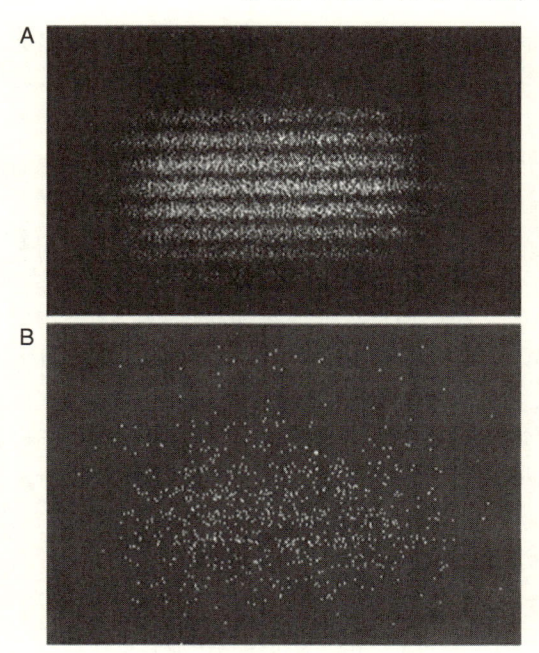

第1部　シュレディンガー方程式への旅

A

B

写真1-8　光子の干渉縞

写真は、浜松ホトニクス株式会社　土屋裕博士のご厚意
による

に間隔をおいて飛ばしているのです。つまりスリットを通り抜けるとき光子は1個しか存在しないのです。光子が粒子であるなら、どちらか一方のスリットを通り抜けるはずなので、もう一方のスリットを光子は通り抜けることはできないはずです。とすると、この干渉縞はこの1個の光子と「何？」との干渉によって生じているのでしょうか？

これが、粒子性と波動性をあわせ持つ場合のパラドックス（矛盾）の代表的な例です。私たちが生活する普通の大きさの世界では、粒子である1個のボールが2つのスリットを同時に通り抜けるなどというのはありえません。したがって、この現象を合理的に理解するためには、私たちが日常の生活でつちかった常識の一部を捨てる必要があります。

　すなわち、光子は波としての性質を持っているので、1個の光子でも実は同時に両方のスリットを通り抜けていると考えざるをえないのです。

　写真1-8AやBの光子の点は、その干渉の結果として光子計数器に到達したものなのです。光子計数器に到達した時点では、光子は粒子として観測されるので1個の点になります。この光子1個の点では、干渉縞であるかどうかはわからないのですが、数百個や数千個の光子を集計すると写真1-8Aのようなみごとな干渉縞が形成されるというわけです。これが量子力学の世界が持つ「粒子と波動」の二重性という不思議な性質です。

■電子の二重スリットの実験

　電子が波の性質を持つことはド・ブロイの提唱後いくつかの実験によって証明されました。しかし、二重スリットの実験は難しく、1989年に（株）日立製作所の外村彰が初めて成功しました。実験は電子顕微鏡を改造した特殊な装置の中で行われました。電子顕微鏡の中には電子を発射する電子源がありますが、この電子源から、電子を1個ずつ

発射します。光子の実験と同じように電子の個数が増えてくると干渉縞が現れ、1個ずつ飛ばされた電子が、干渉することが実証されました。

この電子の二重スリットの実験でも、1個の電子は波として2つのスリットを通り抜けていることになります。光子と電子は、「粒子と波動の二重性」という点では同じ不思議な性質を持っているのです。

電子が波の性質を持っているというド・ブロイの提唱はこの実験でも実証されました。$E=\hbar\omega$ と $p=\hbar k$ の関係は、**アインシュタイン-ド・ブロイの関係**と呼ばれるようになりました。

20世紀の初頭に生まれた量子力学の理論を、実際に見える形に現した土屋や外村らのこれらの実験は、20世紀の終わりになって可能になりました。これは、微細な世界を自由に操れるテクノロジーが20世紀の後半になって急速に発展したことによります。

2 波を表す式

電子が波の性質を持つとすると、波の性質を表現する方程式が存在するのではないでしょうか。そう考えたのがオーストリアの物理学者シュレディンガー(**写真I-9** 1887〜1961)です。

電磁波を表すマクスウェルの有名な式に代表されるように、19世紀後半には波を表現するために数学的にどのよう

な式を用いればよいかがよく研究されていました。音の波や、水面の波、そして光の波を表す式に、物理学者や数学者たちは取り組んできました。シュレディンガーはこれらの数学的な基礎の上に、電子の波を表す方程式を探し求めました。そして、ド・ブロイの提唱から2年後の1926年に念願の方程式にたどり着きました。有名なシュレディンガー方程式です。

写真1-9 シュレディンガー

　ここから、さっそくシュレディンガー方程式を説明したいところですが、その前に、波に関する予備知識を身につけておきましょう。試合に挑む前のウォーミングアップといったところです。

　まずは、「マイナス×マイナス」がどうしてプラスなのかという、一見、量子力学とは何の関係もなさそうな疑問からスタートします。

■マイナス×マイナス

　読者のみなさんで「マイナス×マイナス」はどうしてプラスなのかという疑問を持つ方は少なくないでしょう。学校でも天下り式に習うのが普通です。答えは簡単で、歴史的には「マイナス×マイナス」がプラスになるのは括弧を使う計算から要求されたものです。まず、次の式を計算してみましょう。

第1部　シュレディンガー方程式への旅

$$3\times(2-1)$$

答えは3です。この式は括弧の中の $2-1$ を分解して、

$$3\times 2 - 3\times 1$$

を計算しても同じ答えが出ます。次に

$$5-3\times(2-1)$$

ではどうでしょう。答えは2です。この式でも括弧の中の $2-1$ を分解してみましょう。すると

$$5-3\times 2 - 3\times(-1)$$

となります。この式の最後に「マイナス×マイナス」の計算が出てきました。この式の答えが先ほどと同じく2になるためには、「マイナス×マイナス」の計算結果はプラスでなければならないことがわかります。このように「マイナス×マイナス」がプラスになるのは、括弧を使った式の計算から要求されたのです。

　数学の発展では、このように論理的に必要とされる新しい概念を受け入れる必要がありました。数の概念の発展では、その後、マイナスに加えて、もう1つ新しい数の概念を取り入れる必要がありました。それが**虚数**です。

　ある数を2乗したものを平方と呼び、平方の元になった数を平方根と呼びます。例えば2を2乗（2×2）すると4になりますが、2の平方が4で、4の平方根が2です。ここまでは簡単です。

次に、数学の発展過程では -1 の平方根を考える必要に迫られました。2乗して4になる数や、9になる数は簡単にわかりますが、2乗して -1 になる数となると、どのようなものなのか直観的につかめない読者がほとんどだと思います。実際、筆者も直観的には理解できません。もちろん、アラビア数字の中にそのような数字は存在しません。そこで -1 の平方根には、アルファベットの i という文字を使うことにして、この数を「虚数」と呼ぶことになりました。英語では imaginary number（直訳すると、想像上の数）と呼びます。デカルト（1596〜1650）によって名付けられました。任意の虚数は、この i の a（実数）倍なので ia と書けます。そこで、i は虚数単位と呼ばれます。i は、imaginary の頭文字からとったものです。式で書くと i と -1 の関係は

$$i \times i = -1$$
$$i = \sqrt{-1}$$

となります。

　一方、虚数以外のそれまで使われていた数は「実数」（real number　直訳すると、現実の数）と呼ばれるようになりました。

　虚数の発明（発見？）は、3次方程式の解法と関係があります。3次方程式を解く公式としてカルダーノ（1501〜1576）の解法と呼ばれるものがあります。カルダーノの時代は、いくつもの数学の学派がありましたが、難易度の高い解法は門外不出でした。3次方程式の解法ももちろん秘

密でした。この解法にカルダーノの名がついているのは、カルダーノがその解法を考えついたからではありません。実は、その解法を編み出した数学者タルターリア（1500〜1557）から強引に聞き出して勝手に発表したからです。

　カルダーノの解法では、計算の途中で $\sqrt{-1}$ が出てくる場合があります。$\sqrt{-1}$ が出て来たところで計算をやめてしまうと答えは求められないのですが、そこでやめないで、続けて計算すると答えが正しく求まることがわかったのです。そうするとこの $\sqrt{-1}$ を数として認める必要が生じます。当初はこの虚数の存在に懐疑的な数学者が多かったのですが、やがて、虚数は役に立つ存在として受け入れられるようになりました。

■波を表すのに便利な虚数

　量子力学でも、この虚数がよく使われます。どのように使われるのか見ておきましょう。

　虚数が使われるのは、波を表すのに都合がよいからです。波には2種類あります。1つはずっと振動し続ける波で、もう1つはだんだん小さくなっていく波、すなわち減衰する波です。振動する波の代表はサイン波で、図1-9のように

$$\sin ax$$

で表されます（$\cos ax$ でも可）。

　では、もう1つの減衰する波とはどのような波でしょうか。例えば、音の波がコンクリートの壁を伝わる場合を考

空間的に振動する波（$\sin ax$：サイン波）

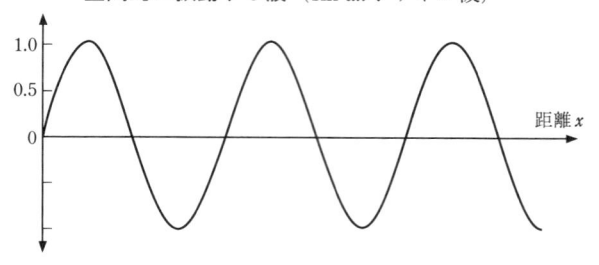

空間的に減衰する波（e^{-bx}：指数関数）

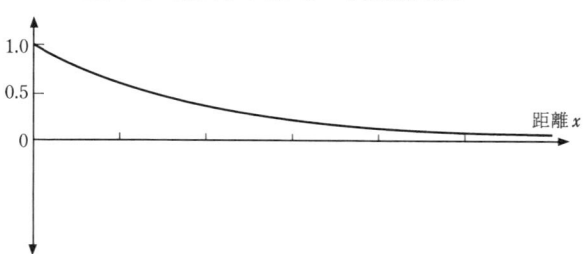

空間的に振動しながら減衰する波
（$\sin ax \cdot e^{-bx}$：サイン波×指数関数）

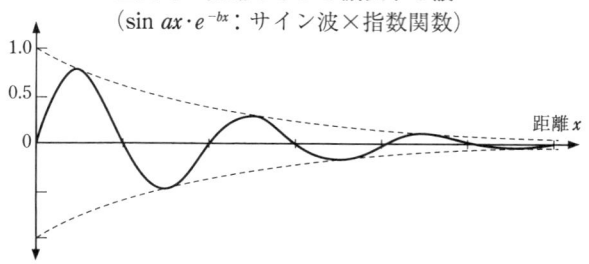

図1-9　波を表す数式

えてみましょう。音の波はコンクリートの壁を伝わるうちにどんどん小さくなっていきます。これが減衰する波の一例です。コンクリートの中に深く進入するほど、音は小さくなることから、コンクリートの壁が厚いほど防音性能はよいということになります。マンションの床が厚いほうがよいのはこのためです。

マンションの壁の厚さを x として音（波）の大きさを表すには

$$e^{-bx}$$

という形の指数関数が適している場合が多いようです。図1-9のようにこの関数は、b が正の実数であれば、x が大きくなるほど急に小さくなっていくのが特徴です（b を負の実数にとれば、減衰とは逆に x が大きくなるほど急に大きくなる波も表せます）。

したがって、この2種類の波を表すには

$$\sin ax \quad \text{または} \quad \cos ax$$

という関数と

$$e^{-bx}$$

という関数が適していることがわかります。

実際の波は振動しながら減衰する波であったり、振動しながら増大する波であったりする場合が多いので、この2つの波を1つの式で表す必要があります。式としては簡単で、この2つのかけ算

$$\sin ax \cdot e^{-bx} \quad \text{または} \quad \cos ax \cdot e^{-bx} \quad ④$$

で表せます。例えば、$a=1$ で $b=0$ の場合は振動する波、すなわちサイン波を表し、$a=0$、$b=1$ の場合は減衰波を表します。a と b がともに 0 ではない場合はどうなるでしょうか。この場合は、振動しながら減衰する波になります。

■オイラーの公式

この式④はオイラーの公式

$$e^{ix} = \cos x + i \sin x$$

を使えばもっと簡単かつ便利に表せるので、ここではまずオイラーの公式を説明しましょう。

大学の 1 年生レベルで習う数学（この部分だけは、高校数学ではありません）で、テイラー展開というものがあります。これはある関数を、

$$f(x) = a + bx + cx^2 + dx^3 + \cdots$$

というふうに x の何乗かの和で表せるというものです（証明は割愛します）。このテイラー展開を使うと、指数関数、サイン、コサインは次のように表せます。

第1部　シュレディンガー方程式への旅

$$e^x = 1 + \frac{x}{1!} + \frac{x^2}{2!} + \frac{x^3}{3!} + \cdots \quad ⑤$$

$$\sin x = x - \frac{x^3}{3!} + \frac{x^5}{5!} - \cdots \quad ⑥$$

$$\cos x = 1 - \frac{x^2}{2!} + \frac{x^4}{4!} - \cdots \quad ⑦$$

　例えば、コサインの計算をしてみましょう。$\cos\frac{\pi}{2} = 0$ですが、コサインのテイラー展開⑦式の第3項までの

$$1 - \frac{x^2}{2 \cdot 1} + \frac{x^4}{4 \cdot 3 \cdot 2 \cdot 1}$$

を $x = \frac{\pi}{2}$ として電卓で計算すると0.02となり、かなりゼロに近い値になることがわかります。第4項より後ろの項まできちんと計算すると、もっとゼロに近づきます。

　指数関数のテイラー展開⑤式で、x を ix で置き換えると、形式上

$$e^{ix} = 1 + \frac{ix}{1!} + \frac{(ix)^2}{2!} + \frac{(ix)^3}{3!} + \cdots$$

となります。そこで、虚数のべき乗 ix をこの式のように定義することにします。この式の右辺を実数の項と虚数の項に分けてみます。

$$e^{ix} = 1 + \frac{ix}{1!} + \frac{(ix)^2}{2!} + \frac{(ix)^3}{3!} + \cdots$$
$$= 1 + \frac{ix}{1!} - \frac{x^2}{2!} - \frac{ix^3}{3!} + \cdots$$
$$= \left(1 - \frac{x^2}{2!} + \frac{x^4}{4!} - \cdots\right) + i\left(x - \frac{x^3}{3!} + \frac{x^5}{5!} - \cdots\right)$$

すると、実部がコサインのテイラー展開⑦式と、虚部がサインのテイラー展開⑥式に等しくなるので、

$$e^{ix} = \cos x + i \sin x$$

となります。これが、オイラーの公式です。

このオイラーの公式をグラフで表したのが図1-10です。実数と虚数からなる複素数を図的に理解するのに役立ちます。横軸に実数 $\cos x$ をとり、縦軸に虚数 $i \sin x$ をとります。ここで縦軸は i の何倍であるかを表します（高校で習った複素数の極形式の表現が、虚数 i を用いた指数関数で表せることに注目してください）。

複素数の絶対値の大きさは、この図の原点からの距離で表されます。複素数は $a+ib$ と表されますが、図の原点からの距離は $\sqrt{a^2+b^2}$ です。複素数 $a+ib$ から距離の2乗 a^2+b^2 を求めるには、$a+ib$ に $a-ib$ をかければよいことがわかります。

$$(a+ib)(a-ib) = a^2 + b^2$$

この $a-ib$ をもとの $a+ib$ の**複素共役**と呼びます。

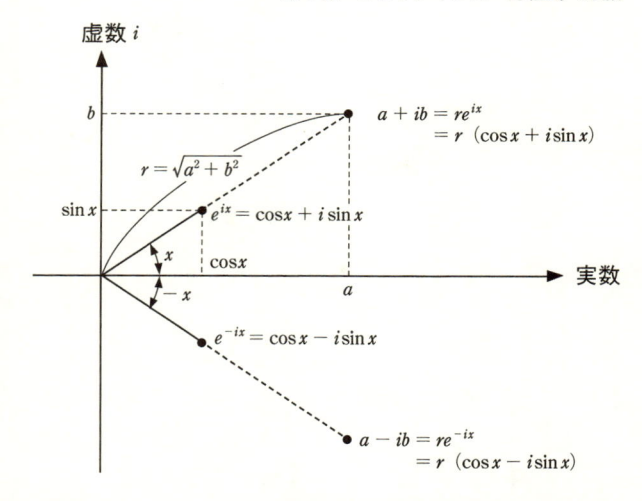

第1部　シュレディンガー方程式への旅

図1-10　オイラーの公式を使うと、複素数を指数関数で表せる

$a+ib$ が次の式のように表されるとすると、

$$a+ib=re^{ix}$$

複素共役は、虚部の符号だけ変わっているので、指数関数を使って表示すると、

$$a-ib=re^{-ix}$$

となります。

さて、以上の知識を利用すると、先ほどの④式の

$$\cos ax \cdot e^{-bx}$$

という波は、オイラーの公式の x に ax を代入して

$$e^{iax} = \cos ax + i \sin ax$$

さらに、両辺に e^{-bx} をかけ

$$e^{iax} \cdot e^{-bx} = (\cos ax + i \sin ax) e^{-bx}$$

整理すると

$$e^{i(a+ib)x} = \cos ax \cdot e^{-bx} + i \sin ax \cdot e^{-bx} \quad ⑧$$

となるので、⑧式の実部（右辺の第1項）をとればよいということになります（ここで、a と b は実数です）。もしサインで振動する波であれば、虚部（右辺の第2項）をとればよいのです。このように $e^{i(a+ib)x}$ という関数を使えば波を簡単に表現できます。

さらにこの後で説明するように、微分もサインやコサインより指数関数の方が簡単なのです。このため波を表す方法として、科学のすべての分野でよく使われています。

例えば、電磁気学や電気回路などの様々な分野でもしょっちゅうこの表現に出くわします（ただし電気を使う学問分野では、電流を I や i で表すのが一般的なので、虚数単位として i に似ている j も使われます）。

このように波を表現するのに虚数を使いますが、量子力学と他の分野では本質的な違いがあります。他の分野で虚数を使うのは波を表現するのに便利だからであり、ここで見たように⑧式の実部か虚部のどちらかで波を表現できます。したがって、虚数を使わなくても波は表現できます。

第1部　シュレディンガー方程式への旅

　それに対して、この後で紹介するシュレディンガー方程式は、方程式そのものに虚数を含んでいます。「シュレディンガー方程式の虚数の存在は便宜的なものではなく、量子力学の本質的な性質」であると考えられています。また、シュレディンガー方程式を満たす波の関数が実部と虚部を含む場合は、そのどちらかのみで波が表されるのではなく、両者に意味があると考えます。

■波の絶対値の2乗

　波の絶対値の2乗が何を表すかを見るために、計算してみましょう。波の式としては

$$Ae^{i(a+ib)x}$$

を使います。A は振幅を表します。複素共役をかけると

$$A(\cos ax \cdot e^{-bx} + i \sin ax \cdot e^{-bx})$$
$$\times A(\cos ax \cdot e^{-bx} - i \sin ax \cdot e^{-bx})$$
$$= A^2 \cos^2 ax \cdot e^{-2bx} + A^2 \sin^2 ax \cdot e^{-2bx}$$
$$= A^2 e^{-2bx}$$

となります。これは波の振幅の2乗を表す量であり、b の正負によって、振幅の減衰や増大を表します。ちなみに、

$$e^{i(a+ib)x} = e^{iax-bx}$$

の複素共役は

$$e^{-iax-bx}$$

なので、指数関数の表示のまま計算しても

$$Ae^{iax-bx} \times Ae^{-iax-bx}$$
$$= A^2 e^{iax-iax-bx-bx}$$
$$= A^2 e^{-2bx}$$

となり、このように同じ結果になります。

■波動関数

電子や光子が粒子でありながら波であると述べました。この波を表す式（波動関数）を見てみましょう（図1-11）。

$$Ae^{i(kx-\omega t)}$$

波動関数はこの式のように表されます。ここで、振幅A、座標x、角振動数ω、時間tは実数でありkは波数です。これからこの式の説明をします。

まず、x軸上のある場所で振動している波を考えましょう。図1-11は、x軸上での振動と時間軸上の振動を表しています。

x軸上で振動したり減衰する波はe^{ikx}と書けます。xはx座標上の位置です。先ほどまで述べたように、波がサイン波（減衰も増大もしない波）の場合はkは実数であり、減衰か増大する波の場合は、kは虚数になります（50ページの⑧式でもう一度確認してください）。

次に時間軸上の振動は$e^{-i\omega t}$で表されます。繰り返しになりますが、ωは角振動数であり振動数νの2π倍です。2π（ラジアン）は、360度のことですから、$2\pi\nu$は波の位

第1部　シュレディンガー方程式への旅

e^{ikx} は、空間的に振動する波を表します。下図は波数 k が実数の波の虚部を表します。

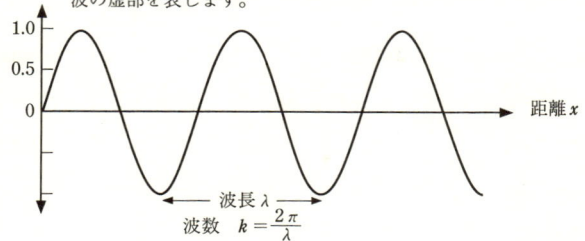

波長 λ
波数 $k = \dfrac{2\pi}{\lambda}$

$e^{-i\omega t}$ は、時間的に振動する波を表します。下図は波の虚部を表します。
角振動数 $\omega = 2\pi\nu$

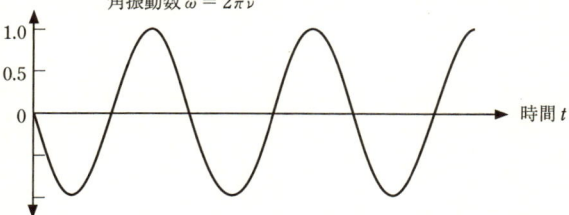

図1-11 位置の関数としての波（x軸上での振動）と時間の関数としての波（時間軸上での振動）

相が1秒間に回った角度を表しています。

波は空間的に広がり（したがって x の関数であり）、かつ時間的に振動して（ t の関数でもある）います。そこでこの2つのかけ算で表されて

$$\Psi = Ae^{i(kx - \omega t)} \qquad ⑨$$

となります。Ψ（プサイ）は、波動関数を表す記号です。波動関数を表す場合には、ϕ（ファイ）もよく使われます。形も発音もよく似ている記号なので間違えないように

しましょう。

■簡単な微分

シュレディンガー方程式を導くために必要な微分の知識を身につけておきましょう。と言っても、硬くなる必要はありません。数学で必要なのは高校レベルの三角関数の微分の知識だけです。ここで、

$$\frac{d}{dx}e^{iax} \qquad (ここでaとxは実数)$$

を求めておきましょう。複素数の微分では、実数と虚数を別々に微分します。したがって、オイラーの公式を使うと

$$\frac{d}{dx}e^{iax}=\frac{d}{dx}(\cos ax+i\sin ax)$$
$$=\frac{d}{dx}\cos ax+i\frac{d}{dx}\sin ax$$

と書き直せます。右辺の微分は三角関数の微分なので

$$=-a\sin ax+ia\cos ax$$
$$=ia(i\sin ax+\cos ax)$$
$$=iae^{iax}$$

となります。最後の2行では再びオイラーの公式を使って**指数関数**の形に戻しています。これをまとめると

$$\frac{d}{dx}e^{iax}=iae^{iax}$$

となります。これは、実数の指数関数の微分

$$\frac{d}{dx}e^{ax}=ae^{ax}$$

とほとんど同じ形をしています。指数関数の肩に乗っている項のうち、変数 x 以外の項を前に付け足すというものです。シュレディンガー方程式を導くために必要な新しい微分の知識というのはこれだけです。

e の i 乗やオイラーの公式など、一見難しそうに見えますが、自分で手を動かして式を追ってみてください。高校の数学レベルの知識で、十分理解できると思います。

3 シュレディンガー方程式

■シュレディンガー方程式を導く

では、シュレディンガー方程式を導きましょう。そのために波を表す関数がどのような数学的性質を持つのか見てみます。

まず、波を表す関数 Ψ（⑨式）を x に関して微分してみます。変数は x と t の 2 つあるので、t を定数とみなして x のみで微分します。このように、2 つ以上の変数がある関数を 1 つの変数だけに注目して他の関数は定数と見な

して微分することを、偏微分と言います。偏微分では、

$$\frac{\partial}{\partial x}$$

という微分記号を使います。すると

$$\begin{aligned}\frac{\partial \Psi}{\partial x} &= \frac{\partial}{\partial x} A e^{i(kx-\omega t)} \\ &= ikAe^{i(kx-\omega t)} \\ &= ik\Psi\end{aligned}$$

となります。

次に、両辺に$\hbar$をかけた後、運動量を表す $p=\hbar k$（③式）の関係を使って整理すると

$$\frac{\hbar}{i}\frac{\partial}{\partial x}\Psi = p\Psi \qquad ⑩$$

という関係になります。これは波動関数に

$$\frac{\hbar}{i}\frac{\partial}{\partial x}$$

という演算（計算）を行うと、右辺のように運動量pと波動関数のかけ算が求まることを意味します。そこでこれを運動量を求める演算という意味で、**運動量演算子**と呼びます。

次に、⑩式の両辺をもう一回xに関して微分して整理してみましょう。すると

第1部　シュレディンガー方程式への旅

$$\frac{\hbar}{i}\frac{\partial^2}{\partial x^2}\Psi = \hbar k \frac{\partial \Psi}{\partial x}$$
$$= i\hbar k^2 \Psi$$

となります。整理すると

$$\frac{\partial^2}{\partial x^2}\Psi = -k^2 \Psi \qquad ⑪$$

となります。

　高校の物理で習ったように、運動エネルギー T はニュートン力学で

$$T = \frac{p^2}{2m}$$

と表されるので、$p = \hbar k$ の関係を使うと

$$T = \frac{p^2}{2m} = \frac{\hbar^2 k^2}{2m}$$

と書けます。この関係から左辺に k^2 をまとめると

$$k^2 = \frac{2mT}{\hbar^2}$$

と書けます。これを⑪式に入れると

$$\frac{\partial^2}{\partial x^2}\Psi = -\frac{2mT}{\hbar^2}\Psi$$

となり、さらにまとめると

$$-\frac{\hbar^2}{2m}\frac{\partial^2}{\partial x^2}\Psi = T\Psi$$

となります。これは波動関数Ψに

$$-\frac{\hbar^2}{2m}\frac{\partial^2}{\partial x^2}$$

という演算を行うと、運動エネルギーと波動関数のかけ算が求まることを意味します。

次に、これも高校の物理で習った内容ですが、全エネルギーEはポテンシャルエネルギー（位置エネルギー）Vと運動エネルギーの和なので $E=T+V$ の関係があります。これを使って、式を書きかえると

$$-\frac{\hbar^2}{2m}\frac{\partial^2}{\partial x^2}\Psi + V\Psi = E\Psi$$

となります。波動関数 $\Psi = Ae^{i(kx-\omega t)}$ （⑨式）を代入すると

$$-\frac{\hbar^2}{2m}\frac{\partial^2}{\partial x^2}Ae^{i(kx-\omega t)} + VAe^{i(kx-\omega t)} = EAe^{i(kx-\omega t)}$$

となります。この式には時間に関する微分はないので、波動関数の中の $e^{-i\omega t}$ の項を次の式のようにxの微分から分離できます。

第1部 シュレディンガー方程式への旅

$$\left(-\frac{\hbar^2}{2m}\frac{\partial^2}{\partial x^2}Ae^{ikx}+VAe^{ikx}\right)e^{-i\omega t}=EAe^{ikx}e^{-i\omega t}$$

したがって $e^{-i\omega t}$ と関係なく（独立に）

$$-\frac{\hbar^2}{2m}\frac{\partial^2}{\partial x^2}Ae^{ikx}+VAe^{ikx}=EAe^{ikx}$$

を解けばよいということになります。

時間を含まない波動関数 Ae^{ikx} を ϕ とおいて書き直すと、

$$\left(-\frac{\hbar^2}{2m}\frac{\partial^2}{\partial x^2}+V\right)\phi=E\phi \qquad ⑫$$

となります。この式には時間が入っていないので**時間に依存しないシュレディンガー方程式**と呼ばれます。大学の授業では暗記しないといけない重要な式です。

この式の右辺はエネルギーに ϕ をかけたものが得られるので、エネルギーを求める演算子は

$$-\frac{\hbar^2}{2m}\frac{\partial^2}{\partial x^2}+V$$

であるということになります。この演算子は**ハミルトニアン**と呼ばれ、H で表されます。また、シュレディンガー方程式を解いて求められる波動関数を**固有関数**と呼びます。エネルギー E は**エネルギー固有値**とも呼ばれます。（固有値とか固有関数は、数学の行列で使う言葉ですが、シュレ

ディンガー方程式を適用したい対象が複雑な場合は、ハミルトニアンは行列を使って表現されます)

　時間に依存しないシュレディンガー方程式は、左辺の第1項が運動エネルギーに対応し、第2項がポテンシャルエネルギーに対応し、そして、右辺が全エネルギーに対応しています。この各項の意味を理解していれば簡単に覚えられることでしょう。

■**時間に依存するシュレディンガー方程式**

　先ほどのシュレディンガー方程式⑫式は、時間に依存しない形をしていました。今度は、時間に依存するシュレディンガー方程式を見てみましょう。

　時間に依存するシュレディンガー方程式を導くには、xで微分せず、今度は波動関数 $\Psi = Ae^{i(kx-\omega t)}$（⑨式）を時間 t で微分してみましょう。すると

$$\frac{\partial}{\partial t}\Psi = \frac{\partial}{\partial t}Ae^{i(kx-\omega t)}$$
$$= -i\omega A e^{i(kx-\omega t)}$$
$$= -i\omega \Psi$$

となります。エネルギーを表す②式 $E=\hbar\omega$ の関係を思い出し、両辺に $\hbar$ と i をかけて整理すると

$$i\hbar\frac{\partial}{\partial t}\Psi = -i^2\hbar\omega\Psi = E\Psi$$

となり、58ページの真ん中の等式を使うと

第1部 シュレディンガー方程式への旅

$$i\hbar \frac{\partial}{\partial t}\Psi = H\Psi \qquad ⑬$$

となります。こちらの式が先ほどの式より適用範囲の広い一般的な式であり、**時間に依存するシュレディンガー方程式**と呼ばれています。大学レベルの量子力学では、通常この2つのシュレディンガー方程式のうち、時間に依存しないシュレディンガー方程式を解くことが演習の主な課題になります。

さて、これでシュレディンガー方程式が導けました。ご覧のように簡単な微分の知識だけで容易に導けました。大学で量子力学の単位を必要とする読者は、⑫式と⑬式を暗記しましょう。

■**物理量の求め方**

演算子がいくつか出てきましたが、これらの演算子を使って運動量やエネルギーの値を実際に求めるには、どうすればよいのでしょうか。量子力学を工学に応用して社会に役立たせるためには、物理量の数値を計算できなければ話になりません。

まず、もう一度運動量演算子と運動量（の値）の関係をみてみましょう。

$$\frac{\hbar}{i}\frac{\partial}{\partial x}\Psi = p\Psi$$

この式を使って運動量を求めるには、実は、波動関数Ψの

複素共役 Ψ^* を左側からかけてその積分をとればよいのです。やってみましょう。この式は

$$\int_{-\infty}^{\infty} \Psi^* \frac{\hbar}{i}\frac{\partial}{\partial x}\Psi dx = \int_{-\infty}^{\infty} \Psi^* p\Psi dx$$

となります。右辺の $p(=\hbar k)$ は数値なので（エイチバーと波数はともに数値）、積分の外に出せます。すると

$$\int_{-\infty}^{\infty} \Psi^* \frac{\hbar}{i}\frac{\partial}{\partial x}\Psi dx = p\int_{-\infty}^{\infty} \Psi^* \Psi dx$$

となります。

右辺の $\int_{-\infty}^{\infty} \Psi^* \Psi dx$ は、波動関数の振幅の2乗を表します。これがどのような物理量を表すかは論争がありましたが、ボルン（1882〜1970）によって、この $\Psi^*\Psi$ は、ある場所 x に電子が存在する確率（**存在確率**）を表すと解釈されるようになりました。x 座標の $-\infty$ から $+\infty$ までのすべての存在確率を足し合わせると、100%（＝電子1個）にならなければならないので、これは1に等しくなければなりません。

$$\int_{-\infty}^{\infty} \Psi^* \Psi dx = 1$$

これを波動関数の**規格化条件**と呼びます。したがって波動関数の規格化条件より

$$p = \int_{-\infty}^{\infty} \Psi^* \frac{\hbar}{i} \frac{\partial}{\partial x} \Psi dx$$

となります。すなわち、運動量演算子を複素共役の波動関数ではさみ積分をとると、その物理量である運動量 p を求められます。このようにして得られる物理量を**期待値**と呼びます。期待値は、上の式の右辺に見られるように位置が $-\infty$ から $+\infty$ まで変わる様々な場所での波動関数 Ψ を使って積分したもので、いわば平均値を表しています。

なお、エネルギーの期待値を求める場合も同様で、以下のようにハミルトニアンを複素共役の波動関数ではさみ積分すればよいのです。

$$\begin{aligned}
\int_{-\infty}^{\infty} \Psi^* \left(-\frac{\hbar^2}{2m} \frac{\partial^2}{\partial x^2} + V \right) \Psi dx &= \int_{-\infty}^{\infty} \Psi^* E \Psi dx \\
&= E \int_{-\infty}^{\infty} \Psi^* \Psi dx \\
&= E
\end{aligned}$$

ここまでに見たように、運動量の演算子と、運動量の(数)値という似かよったものが量子力学には現れます。この2つを混同すると、量子力学の理解の妨げになります。そこで、式に書くときには本書では演算子にはハット(ぼうし)をかぶせることにします。例えば運動量演算子は、次のように表します。

$$\hat{p} \equiv \frac{\hbar}{i} \frac{\partial}{\partial x}$$

記号≡は、左辺の項を右辺の式で定義することを表します。これに対して、単に

$$p$$

と書けば、これは運動量の値を表します。以下ではこの2つを混同しないようにしましょう。

■ブラケット表示

前節で見た運動量 p を求める積分の式は

$$\int_{-\infty}^{\infty} \Psi^* \frac{\hbar}{i} \frac{\partial}{\partial x} \Psi dx$$

ですが、これをいちいち書くのは少々面倒です。1個、2個ならまだしも、長い計算の場合には手も疲れるし、書き写す際に間違える可能性もあります。そこでディラック（写真1-10 1902～1984）がブラケット表示という簡略化した書き方を考えました。ブラケット表示では、先ほどの式は

写真1-10 ディラック

$$\left\langle \Psi \left| \frac{\hbar}{i} \frac{\partial}{\partial x} \right| \Psi \right\rangle$$

と書きます。真ん中に演算子を書き、右側に演算される波動関数を書き、左側にその演算結果にかける波動関数を書きます。積分記号は省略されていますが、元の式のように

第1部　シュレディンガー方程式への旅

積分する必要があります。

■可換な演算子

さて、ここで登場した演算子ですが、これらの間にはおもしろい関係があります。2つの演算子$\hat{A}, \hat{B}$を波動関数に作用させた場合に、その演算の順序を変えると、結果が変わるものと変わらないものがあります。同じ結果を与える場合を式に書くと $\hat{A}\hat{B}\Psi = \hat{B}\hat{A}\Psi$ であり、異なる場合は $\hat{A}\hat{B}\Psi \neq \hat{B}\hat{A}\Psi$ です。この2つの式は書き換えると

$$(\hat{A}\hat{B} - \hat{B}\hat{A})\Psi = 0$$

と

$$(\hat{A}\hat{B} - \hat{B}\hat{A})\Psi \neq 0$$

と書けます。この式の括弧の中の式を

$$[\hat{A}, \hat{B}] \equiv \hat{A}\hat{B} - \hat{B}\hat{A}$$

と表すことにすると、これらの式は

$$[\hat{A}, \hat{B}]\Psi = 0$$

と

$$[\hat{A}, \hat{B}]\Psi \neq 0$$

と表せます。前者のゼロになる場合は、$\hat{A}, \hat{B}$は互いに交換可能であるといい、このような演算子$\hat{A}, \hat{B}$を**可換な演算子**と呼びます。

次に、具体的な演算子を考えてみましょう。

例えば座標の各成分 x, y, z はお互いに可換な演算子です（ここまでは簡単のために x 方向に進む波だけを考えてきましたが、波は3次元的に進むので一般的に表現するには x, y, z の3軸が必要です）。x, y, z の演算は波動関数にただかけ算をするだけなので（$\hat{x}=x$ です）順番が変わっても同じです。$xy\Psi - yx\Psi = 0$ のように。しかし、運動量の演算子のような微分を含む演算子が入ると可換でない可能性が生じます。

運動量演算子であっても、x, y, z の直交座標での各成分 $\hat{p}_x$, $\hat{p}_y$, $\hat{p}_z$ はお互いに可換です。それぞれ演算する変数が異なるからです。これに対して、座標と運動量では可換ではなくなります。

わかりやすくするために波動関数が

$$\phi = \sin ax$$

で表される場合を考えましょう。運動量演算子は $\dfrac{\hbar}{i}\dfrac{\partial}{\partial x}$ なので

$$\begin{aligned}\hat{p}_x \Psi &= \frac{\hbar}{i}\frac{\partial}{\partial x}\sin ax \\ &= \frac{\hbar}{i}a\cos ax\end{aligned}$$

です。したがって

$$(x\hat{p}_x - \hat{p}_x x)\phi = x\hat{p}_x\phi - \hat{p}_x x\phi$$
$$= x\frac{\hbar}{i}\frac{\partial}{\partial x}\sin ax - \frac{\hbar}{i}\frac{\partial}{\partial x}(x\sin ax)$$
$$= x\frac{\hbar}{i}a\cos ax - \frac{\hbar}{i}\sin ax - \frac{\hbar}{i}xa\cos ax$$
$$= -\frac{\hbar}{i}\sin ax$$
$$= i\hbar \sin ax$$
$$= i\hbar \phi$$

となります。したがって、交換関係で書くと

$$[x, \hat{p}_x] \equiv x\hat{p}_x - \hat{p}_x x = i\hbar$$

となり、可換ではありません。

■不確定性関係

　この交換関係を長々と説明するのを奇妙に感じる方も多いと思います。実はこの交換関係は**ハイゼンベルク**（写真1-11　1901〜1976）**の不確定性原理**と呼ばれる重要な原理と関係しているのです。このあと説明するように、可換な演算子は両方の物理量を同時に正確に測定できます。これに対して、可換でない演算子の場合には、対応する物理量を同

**写真1-11
ハイゼンベルク**

時に正確に測定できないという関係があるのです。

例えば任意の 2 つの物理量 A, B を表す演算子 $\hat{A}$, $\hat{B}$ について考えます。ここである状態 Ψ に対する分散 $(\Delta A)^2$, $(\Delta B)^2$ を考えます。分散は、期待値からのずれを表す量です。分散の演算子は次のように書けます（分散の説明は、巻末の付録を参照してください）。右辺の第 2 項が期待値です。

$$\Delta \hat{A} = \hat{A} - \langle \Psi | \hat{A} | \Psi \rangle$$

この分散と演算子 $\hat{A}$, $\hat{B}$ の交換関係には次のような不等式

$$(\Delta A)^2 (\Delta B)^2 \geq \frac{1}{4} |\langle \Psi | [\hat{A},\ \hat{B}] | \Psi \rangle|^2$$

が成り立ちます。（証明は少し高度なので割愛します）

例えば、座標 x と運動量 p_x の関係を見てみましょう。この不等式の右辺に、66 ページで求めた座標 x と運動量 p_x の交換関係 $[x,\ \hat{p_x}] = i\hbar$ を入れると、次の関係

$$\begin{aligned}(\Delta x)^2 (\Delta p_x)^2 &\geq \frac{1}{4} |\langle \Psi | i\hbar | \Psi \rangle|^2 \\ &= \frac{\hbar^2}{4} |\langle \Psi | \Psi \rangle|^2 \\ &= \frac{\hbar^2}{4}\end{aligned}$$

が成り立ちます。途中の計算では $\hbar$ は数値なので積分（ブラケット）の外へ出しています。この式から Δx と Δp_x

が正であるとすると

$$\Delta x \Delta p_x \geq \frac{1}{2}\hbar$$

が得られます。この場合、どちらかの量を正確に測ると（例えば、Δx をゼロに近づけると）、もう一方の量の不確かさ（分散）は無限に大きくなります。この関係はハイゼンベルクがみつけたのでハイゼンベルクの不確定性原理と呼ばれています。この関係は時間 t とエネルギー E の間にも成り立ちます。

一方、交換関係

$$\hat{A}\hat{B}-\hat{B}\hat{A}=0$$

が成り立つときは、$\Delta A \Delta B \geq 0$ で右辺はゼロになるので、ΔA をゼロに近づけると同時に ΔB もゼロに近づけられます。すなわち両方の量を同時に正確に測れます。

このハイゼンベルクの不確定性関係を信じると、**位置と運動量**や**時間とエネルギー**は同時には正確に測定できないことになります。ニュートン力学では、位置と運動量の両方の情報がないと物体の運動は正確には計算できません。このため、大きな論争を巻き起こしました。

ハイゼンベルクの不確定性原理に強く反対した一人は、アインシュタインでした。当時、物理現象を確率的に解釈する手法はすでに存在していました。それは、マクスウェルやボルツマン（1844～1906）が築き上げた統計力学です。統計力学では、多数の分子や原子を扱うので確率的な

解釈が用いられ、測定される物理量にもばらつきが生じます。したがって、物理現象を確率的に扱うことに物理学者は慣れていました。統計力学の分野では、アインシュタイン自身も、後に述べるボース‐アインシュタイン統計の成立に貢献しています。

しかし、アインシュタインはハイゼンベルクの不確定性関係で述べられている「**本質的な不確定性**」の解釈には、反対しました。統計力学で確率的な解釈をするのは集団を扱う際の便宜的な手段であり、その1個1個の原子や分子の運動はニュートン力学に従って運動するので、その運動を正確に予測できると考えたからです。

ところが、ハイゼンベルクの不確定性原理の解釈では、この不確定性は本質的なものであり、多数の集団ではなく電子1個が持っている量子力学の世界での本質的な性質であると考えます。

アインシュタインの「神がサイコロを振るはずがない」という有名な言葉は、不確定性原理への反対の言葉です。アインシュタインは不確定性の影響を受けないと思われる実験を次々と提案し、ボーア（写真1-12 1885〜1962）とハイゼンベルクを苦しめました。そのたびにボーアとハイゼンベルクはアインシュタインが提案した実験の不備を見つけ出し、量子力学の世界では不確定性を免れ

写真1-12　ボーア

えないことを明らかにしました。その後、現在に至るまで不確定性をくつがえす物理法則を見出した科学者はおらず、ハイゼンベルクの不確定性関係は、本質的なものであると理解されています。

■パルスの秘密

　不確定性原理や粒子と波の二重性など、量子力学の世界の概念を直観的に理解するのは容易ではありません。そこで、これらの性質を1つの概念で理解するためにボーアが波束（はそく）の概念を持ち込みました。

　「波束」という聞きなれない言葉を聞いてとまどう人は多いと思いますが、現代風の言葉で言うと「パルス」のことです。パルスは波ですが、1個、2個と数えられるという点では粒子的です。実はふつうのサイン波をいくつも加えるとパルスを作れるというおもしろい数学上の性質があります。その関係が不確定性原理ともつながっています。それを見てみましょう。

　ここでは、光のパルスを考えてみます。まず、波長が$0.5\mu m$（$=500nm$　n：ナノ　10^{-9}）の光の波を考えてみましょう。図1-12のいちばん上に描いたのが波長$0.5\mu m$のサイン波です。この波を見てもらえばわかるように、波は同じ形を繰り返しているだけで、どこにもパルスらしきものはありません。では、パルスを作るのにどういう方法があるのでしょうか。

　実は波長の異なるいくつかの波を足し合わせるのです。それを試してみましょう。図1-12のように、ここではま

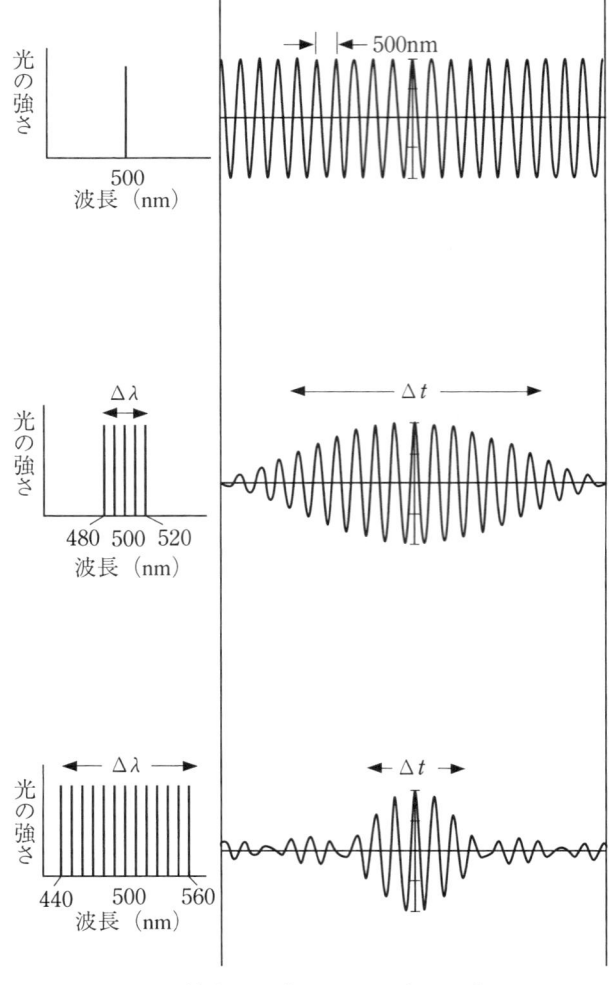

図 1-12　波をたし合わせるとパルスができる

ず、波長0.50μmの光と波長が0.01μm(=10nm)違う波を足してみましょう。ただし、1つずつ足すのは効率が悪いので、0.52μm(=520nm)の光から0.48μm(=480nm)の光まで0.01μm(=10nm)刻みの波を一緒に足すことにします。これを手で計算すると時間がかかるので、計算機で計算した結果を図に記します。すると、図1-12中の図では一部にパルスらしきものが現れてきたのにお気づきでしょう。さらに足し算を増やしてみましょう。0.44μmの波から0.56μmの波まで0.01μm刻みで加えるのです。するとさらにパルスははっきりしました(図1-12下)。ここで興味深いのは足していく波の数を増やしていくほど、パルスはくっきりと現れ、そしてその時間幅は狭くなるということです。これは波が持っているおもしろい性質です。

波の高さを振幅と呼びますが、それぞれの波の絵の左側に、縦軸を振幅にして横軸に波長をとったグラフ、つまりスペクトルを書いています。このスペクトルと、その右のパルスの絵をそれぞれ比べてみましょう。すると、「加える波の波長の幅$\Delta\lambda$が広いほど(0.48〜0.52μmより0.44〜0.56μm)、パルスΔtが短くなる」という関係がよく見えます。

■フーリエ変換

さて数学では、この「加える波長の幅が広いほどパルスが短くなる」という関係に相当する部分を「フーリエ変換」とか「フーリエ級数」と呼びます。大学の数学では1年生か2年生で習うのが普通です。もっとも、残念ながら

日本の理工系の大学生の大半はこの関係を理解しないまま卒業しているようです。先ほど「加える波の波長の幅 $\Delta\lambda$ が広いほど（0.48〜0.52μmより0.44〜0.56μm）、パルス Δt が短くなる」と表現しましたが、波長を振動数 ν に置き換えて式に表すと

$$\Delta\nu \times \Delta t = 一定の値$$

という関係になります。さらに、この両辺に h をかけてみましょう。

$$h\Delta\nu \times \Delta t = h \times 一定の値$$

$h\Delta\nu$ は、アインシュタイン－ド・ブロイの関係を使うと ΔE に等しいことがわかります。したがって、左辺は、

$$\Delta E \times \Delta t$$

を表します。右辺の値を、フーリエ変換を使ってまじめに計算すると、実は $\hbar$ とほとんど同じ値になります。この式は、ハイゼンベルクの不確定性関係を表しているのです。つまり、パルスの時間幅 Δt を短くすると、エネルギーの幅 ΔE は大きくなり、逆に、エネルギーの幅を狭くすると、時間幅は長くなります。

物理学や化学の分光学では、「非常に高速の現象」を「高いエネルギー分解能」で測定することが望まれます。しかし、短い時間 Δt を測定しようとすればするほど、不確定性原理によってエネルギーの分解能 ΔE は悪くなります。したがって、「非常に高速の現象」を「高いエネル

ギー分解能」で測定するのは不可能なのです。

　ここで光について見たエネルギーと時間の間に成り立つ不確定性の関係は、電子の波についても同じ関係が成立します。

4　波動関数とは

■時間に依存しないシュレディンガー方程式の解の形

　シュレディンガー方程式を理解したところで、次に答え（波動関数）の形がどのようなものなのか見てみましょう。ここではまず、電子の入るポテンシャル（位置エネルギーの分布の形）として井戸の形をしたものを考えましょう。これを井戸形ポテンシャルと呼びます（図1-13）。シュレディンガー方程式では単にVと書きましたが、ポテンシャルエネルギーの大きさは場所xによって異なるので、ポテンシャルエネルギーはxの関数として$V(x)$と書きます。井戸の中では$V=0$であり、障壁（バリア）では$V=E_B$です。計算上のエネルギーの原点はどこに置いてもかまいません。障壁をエネルギーの原点にとり、井戸のポテンシャルエネルギーを$V=-E_B$とおいても結果は同じです。

　力学の分野でのポテンシャルとは、通常重力による位置エネルギーを意味します。位置エネルギーの大きい（高い）ところからボールを落とせば、重力に引かれて落ちていくにつれてボールの速度は大きくなります。この場合、

電子のエネルギー

| 障壁 | 井戸 | 障壁 |

E_B

O　　　　　　　0　　　　　　　　　L　　　　　x

井戸形ポテンシャル

ポテンシャル $V(X)$ は、

$V(x) = E_B$　　　　　　　　　　　$x < 0$

$V(x) = 0$　　　　　　　　　　　　$0 \leq x \leq L$

$V(x) = E_B$　　　　　　　　　　　$L < x$

です。

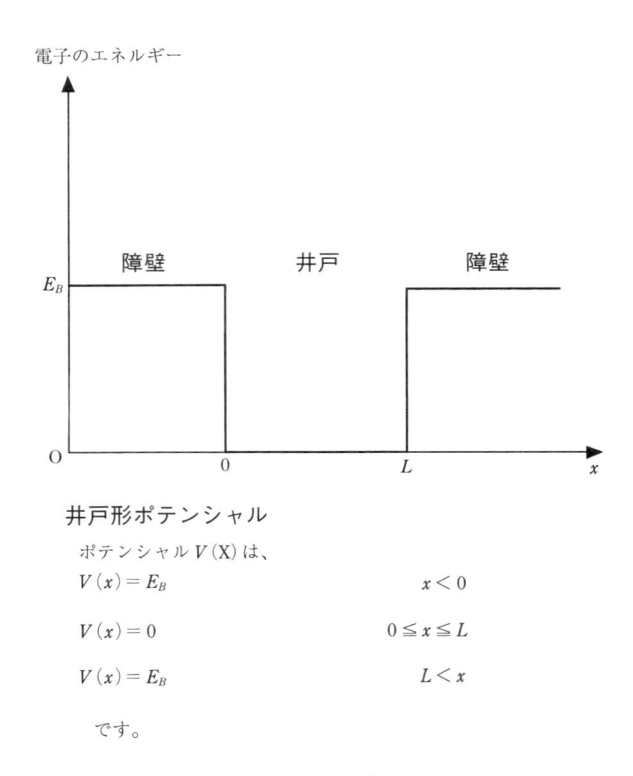

図1-13　井戸形ポテンシャル

位置エネルギーが運動エネルギーに変換されているわけです。

電子にとってのポテンシャルとしては、重力はあまり重要ではありません。というのは、電子はとても軽いので、電子に働く重力は小さいからです。それよりも電子は電荷を持っているので電気的な力（＝クーロン力）の方が大き

く働きます。井戸形ポテンシャルの図1-13では、上の方を電子のエネルギーを大きく書いています。クーロン力によるポテンシャルの場合、この絵の中に仮にプラスの電荷があると、上に行くほどエネルギーが小さくなるので注意が必要です。量子力学の世界ではこのようにマイナスの電荷を持つ電子を主人公にした絵を描く場合が多いので注意しましょう。

具体的な波の形を考えるために、ここでは量子井戸が無限に深いもの（$E_B=\infty$）を考えましょう。実は無限に深い井戸の方が簡単なのです。仮に壁の高さが無限でなければ、この壁の中にも電子の波は進入できます。これを**トンネル効果**と呼びます。私たちの日常の大きさの世界では見られない現象です。

壁の高さが無限に深い場合は電子も壁の中に進入できなくなり、井戸の中だけに存在するようになります。電子の波は右の壁にぶつかると跳ね返り左に向かい、左の壁にぶつかると右に向かいます。電子の波は右の壁と左の壁に跳ね返されて、井戸の中に閉じ込められています。この場合、井戸の中に安定に存在する波は定在波と呼ばれます。

この定在波の教材として、中学や高校でよく使われるものは弦の振動です。例えば、ギターの弦を例にとってみましょう。ギターの弦を模式的に書くと、図1-14のようになっていて、指で押さえる位置を変えることによって振動する弦の長さが変わるようになっています。このとき、弦の両端は固定されているので振動できません。このような振動を「固定端での振動」と呼びます。両端が固定端であ

るとき、定常的に振動するのは、図に書いてあるような両端が固定されていて、波長の半分の長さ（半波長）の整数倍が、弦の長さ L に等しいサイン波だけです。これが定在波の条件です。

このギターの弦での定在波の関係が、そのまま量子井戸と電子波の定在波の関係に成立します。無限に深い量子井

ギターでは、押さえる位置を変えると
弦の長さ L が変わります。
弦の両端は固定されているので
振動しません。

$\lambda_3 = \dfrac{2}{3}L$

$\lambda_2 = L$

$\lambda_1 = 2L$

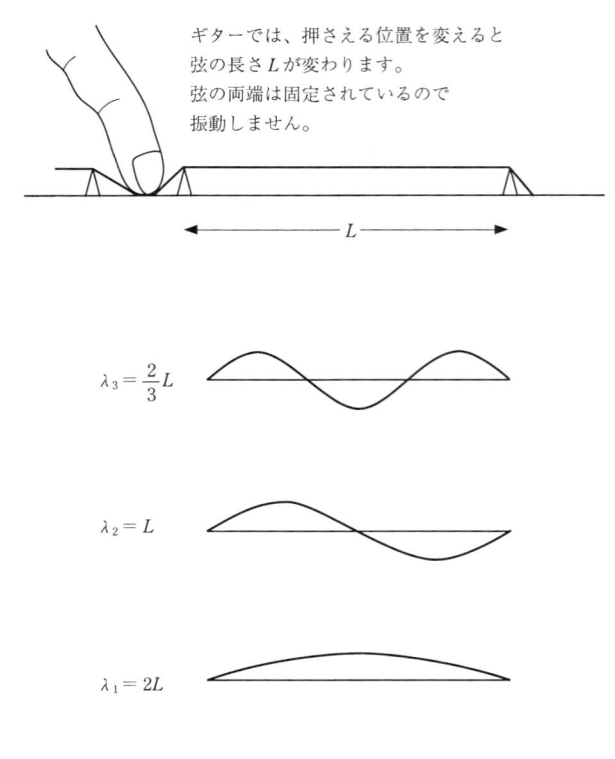

図1-14　ギターの弦の振動

戸中で安定に存在するいちばん波長の長い波動関数は、波長の半分の長さが井戸幅Lに等しいものになります。

その次にエネルギーの高い波は、波長λが井戸幅Lに等しいものです。以下同様で、あるエネルギーの定在波の波長をλ_nとすると

$$n\frac{\lambda_n}{2}=L \quad (ここでnは正の整数)$$

の関係が成り立つ電子の波が解になります。つまり、音と電子はどちらも波であり、スケール（大きさ）こそ違うものの、同じ原理が成り立ち、電子の波も定在波として壁の間に閉じ込められるというわけです。電子波というと何かとてつもなく難しいもののように考えがちですが、ギターの弦と同じ定在波の条件が成り立つので理解は簡単なのです。

したがって、井戸の中の波動関数は、図1-15のようにサイン波で表されて

$$\Psi_n=A\sin\left(\frac{2\pi x}{\lambda_n}\right)=A\sin\left(\frac{n\pi x}{L}\right) \quad ⑭$$

と表されます（Aは振幅で、このすぐ後に述べるように規格化条件を満たすように決めます）。左側の井戸の壁がx軸の原点（$x=0$）で、右側の壁で$x=L$です。ここでnは正の整数であり、$n=1$が最も波長の長い波動関数です。この式以外の場合は、跳ね返った波を重ね合わせると、お互いに打ち消しあって消えてしまいます。

$$\lambda_3 = \frac{2}{3}L \qquad E_3 = \frac{2\hbar^2\pi^2}{m(2L/3)^2} = 9E_1$$

$$\lambda_2 = L \qquad E_2 = \frac{2\hbar^2\pi^2}{mL^2} = 4E_1$$

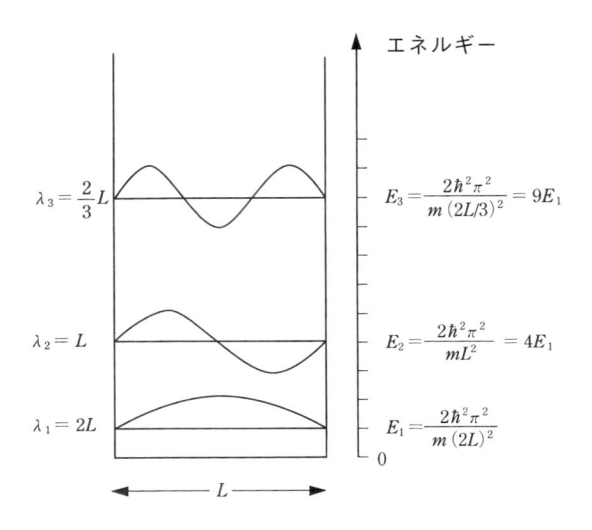

$$\lambda_1 = 2L \qquad E_1 = \frac{2\hbar^2\pi^2}{m(2L)^2}$$

図1-15 井戸形ポテンシャルの中での波動

■規格化条件

波動関数の基本的な形はこのようにサイン波で表されますが、波動関数は先ほど述べたように規格化条件を満たす必要があります。つまり

$$\int_0^L \Psi_n^* \Psi_n dx = 1 \qquad ⑮$$

です。先ほどの規格化条件と積分範囲が異なっているのは、波動関数が存在するのは井戸の中だけなので、積分する範囲は $x=0$ から $x=L$ までで十分だからです。

この規格化条件を満たす係数 A を求めてみましょう。⑭

式を⑮式に代入すると次のようになります。

$$\int_0^L \Psi_n^* \Psi_n dx = \int_0^L A^2 \sin^2\left(\frac{n\pi x}{L}\right) dx$$

この積分を求めるために、三角関数の倍角の公式

$$\cos 2\theta = 1 - 2\sin^2\theta$$

を使いましょう。すると

$$\begin{aligned}
\int_0^L A^2 \sin^2\left(\frac{n\pi x}{L}\right) dx &= \frac{A^2}{2}\int_0^L \left(1 - \cos\frac{2n\pi x}{L}\right) dx \\
&= \frac{A^2}{2}\left([x]_0^L - \left[\frac{L}{2n\pi}\sin\frac{2n\pi x}{L}\right]_0^L\right) \\
&= \frac{A^2}{2}\left(L - 0 - \frac{L}{2n\pi}\sin 2n\pi + \frac{L}{2n\pi}\sin 0\right)
\end{aligned}$$

となります。ここでは、コサインの積分はサインであるという公式

$$\int \cos ax\, dx = \frac{1}{a}\sin ax + C \quad (C は積分定数)$$

を使いました。

さて、

$$\sin 2n\pi = 0 \quad (n は整数)$$

なので、規格化条件は

$$1 = \int_0^L \Psi_n^* \Psi_n dx$$
$$= \frac{A^2}{2} L$$

となります。したがって、この式から振幅Aが求められ

$$A = \sqrt{\frac{2}{L}}$$

となります。したがって、規格化された波動関数は、

$$\Psi_n = \sqrt{\frac{2}{L}} \sin\left(\frac{n\pi x}{L}\right) \quad (n=1,\ 2,\ 3,\ \cdots)$$

となります。

■電子のエネルギーを求める

次に、この定在波が成り立つときの電子のエネルギーを求めてみましょう。これも簡単です。定在波ですから時間に依存しないシュレディンガー方程式（59ページ⑫式）にこの波動関数を入れるとエネルギーが求まります。井戸の中では、ポテンシャル $V=0$ とおいたので、運動エネルギーの項のみが残り、シュレディンガー方程式は次のようになります。なお、ここでは変数はxしかないので偏微分の記号を使っていません。

$$-\frac{\hbar^2}{2m}\frac{d^2}{dx^2}\sqrt{\frac{2}{L}}\sin\left(\frac{n\pi x}{L}\right) = E_n \sqrt{\frac{2}{L}}\sin\left(\frac{n\pi x}{L}\right)$$

この式の左辺を計算すると

$$(左辺) = \frac{\hbar^2}{2m}\left(\frac{n\pi}{L}\right)^2 \sqrt{\frac{2}{L}} \sin\left(\frac{n\pi x}{L}\right)$$

となるので、これが右辺と等しいことから

$$E_n = \frac{\hbar^2}{2m}\left(\frac{n\pi}{L}\right)^2$$

となります。いちばん下の定在波のエネルギー（$n=1$ の場合）を E_1 とすると、

$$E_1 = \frac{\hbar^2}{2m}\left(\frac{\pi}{L}\right)^2$$
$$= \frac{\hbar^2}{2m}\left(\frac{n\pi}{L}\right)^2 \frac{1}{n^2}$$

なので、

$$E_n = n^2 E_1$$

となります。n の2乗が E_1 にかかっているので2番目の定在波（$n=2$）のエネルギーはその4倍、3番目の定在波（$n=3$）のエネルギーはその9倍になります。このときエネルギーはとびとびの値をとり、量子化されます。これらの定在波の条件が成立し電子が安定に存在するエネルギーを**エネルギー準位**と呼びます。特にいちばんエネルギーの低い準位は、いちばん底にあるので**基底準位**と呼ばれます。また、n の値によって異なる量子状態を表すの

で、このnを**量子数**と呼びます。

ここでの波動関数は実数で表される関数で、虚数は出てきません。実は量子井戸のようなポテンシャルのくぼみに閉じ込められた定在波の波動関数は、虚数を含まないのです。通常、大学の学部レベルの量子力学では時間に依存しないシュレディンガー方程式を用いて定在波を解くのが主題となります。虚数にアレルギーのある方には重要な情報でしょう。

なお、これらのそれぞれの準位には電子は1個ずつ入ることができます(後で学ぶスピンを考えると実は2個存在できます)。

■波動関数の直交性

次に、異なる準位の波動関数の間に成り立つ関係を見ておきましょう。実は異なる準位の波動関数の間には

$$\int_0^L \Psi_n^* \Psi_m dx = 0 \qquad (n \neq m)$$

という数学的な関係が成り立っています。このようにかけ算を積分するとゼロになる関数の集まりを**直交系**と呼びます。

もともとの直交という言葉は、読者のみなさんもよくご存じのように、2本の直線が直角に交わる場合から生まれた言葉で、平行な成分が全然ないことを意味します。関数の場合は、かけ算をして積分したときにゼロになる場合を「直交する」と表現します。(先ほどの波動関数で直交性が成り立っていることは巻末の付録で解説したので興味のあ

シュレディンガー方程式の解は、エネルギーはとびとびの値をとり、波動関数は直交系であるという数学的な特徴を持ちます。この直交系をなす波動関数を使うと、この井戸の中にいる電子の波動関数は、一般に

$$\Psi = a\Psi_1 + b\Psi_2 + c\Psi_3 + \cdots$$

と表わすことができます。これは数学のフーリエ級数が持っている性質です（興味のある方は大学レベルの数学の参考書をご覧ください）。例えばこの式で、$a=1$ でそれ以外が $b=c=d=\cdots=0$ であるときは基底状態であり、$b=1$ で $a=c=d=\cdots=0$ が成り立つときは、下から2番目の状態です。この波動関数の直交性は、波動関数の計算をするときに役に立つことが多いので、頭の中に残しておくと便利です。

■方程式発見までのシュレディンガー

ここまでで読者のみなさんは、シュレディンガー方程式という量子力学の最も重要な式を理解したことになります。いかがでしょう、それほど難しくはなかったのではないでしょうか。弦の定在波と電子の波の定在波の類似性は、シュレディンガーが方程式を発表した最初の論文で指摘しています。彼の脳裏では、電子の波が弦の振動のようにあざやかに見えていたのです。

この方程式を生み出したシュレディンガーは、オーストリアのウィーンで生まれ育ちました。叔母が、イギリス生

まれで、幼少期からシュレディンガーは英語にも接して育ったため、後に外国に亡命した際にも英語に困りませんでした。彼の名前を日本語表記で、エルヴィンと書いたり、アーウィンと書いたりするのは、ドイツ語読みするか、英語読みするかの違いによります。後年、ナチスの手を逃れて彼はイギリスやアイルランドなどの英語圏の国々でも長く人生を送りました。

シュレディンガーの父はリノリウムや防水布を作る小さな工場を経営しながら、植物学やイタリアの絵画にも没頭する広い教養の持ち主でした。父は、エルヴィンが学位を取った後ウィーン大学の助手として大学に残ることを、助手の身分は不安定であるにもかかわらず認めてくれました。1914年の第一次世界大戦の勃発とともにシュレディンガーも従軍しました。幸い戦争で命を落とすことはありませんでしたが、父は1919年に戦後の混乱の中にあるウィーンで息を引き取りました。また、戦後のインフレにより父の残した銀行預金の価値もなくしてしまいました。

生前、父が知った息子エルヴィンの唯一の成果はイェーナ大学の助手のポストを得たということだけでした。そして、母もその2年後に亡くしています。シュレディンガー方程式の発表は1926年ですから、両親は息子の偉業を知らずに世を去ったということになります。

弦の振動をもとに方程式にたどり着いたシュレディンガーですが、彼は「音」が嫌いでした。静かな環境が好きな一方、ラジオは嫌いで音楽まで嫌いだったそうです。芸術は詩や絵画を愛しました。バイオリンがセミプロ級だっ

たアインシュタインとは対照的です。

　量子力学で最も有名なのは「シュレディンガー方程式」ですが、量子力学はシュレディンガーを含めた多くの天才的な科学者の貢献によって構築されました。第2部では、量子力学の建設の歴史に触れながらその全体像を見ることにしましょう。

第2部

原子の姿

量子力学のほとんどの解説書では、歴史的な発展に従って記述する場合が少なくありません。その場合、原子の話が途中で出てくるので、初めて量子力学に接する人にとってはかえって混乱を招く場合が多いようです。本書では、まず電子と光子に話を絞って説明し、シュレディンガー方程式を理解した後で、原子の姿を説明することにしました。ここからは原子の姿も見ることになります。

1　波としての電子

■電子の発見者トムソンの原子モデル

　イギリスの科学者、J・J・トムソン（写真2-1　1856～1940）は1897年に電子を発見しました。ブラウン管に似た実験装置を使って、マイナスの電荷を持つ粒子（＝電子）を発見したのです。このトムソンが発見した電子の電荷はアメリカのミリカン（写真2-2　1868～1953）によって調べられ

写真2-1　J・J・トムソン　　写真2-2　ミリカン

第2部　原子の姿

$$e = -1.602177 \times 10^{-19} \text{C}　（クーロン）$$

のマイナスの電荷を持つことが明らかになりました。また、質量は

$$m = 9.10938 \times 10^{-31} \text{kg}$$

であることがトムソンの実験結果と照らし合わせて明らかになりました。ものすごく小さな電荷であり、ものすごく小さな質量です。

　電子の姿が明らかになったことによって、次に科学者が疑問を持ったのは、原子はどのような構造を持っているのかという問題でした。原子の中に電子があることや原子そのものは電気的に中性であることがわかっていたので、原子の中にはプラスの電荷を持ったものが存在するはずです。そこでトムソンは、プラスの電荷を帯びた物体が雲のように広がり、その中に多数の電子が含まれているモデルを考えました。ぶどうパンにたとえると、ぶどうが電子で、パンがプラス電荷を持つことになります。

　それに対して長岡半太郎（1865〜1950）は、1903年に原子は土星に似た構造をもっているというモデルを考えました。土星の周りのリングのように、原子の中心にプラスの電荷を持った核（原子核）があり、その周りを多数の電子が一様に回っていると考えたのです。土星と衛星の間に働いている引力は、万有引力ですが、長岡の原子モデルでは、核と電子の間に働く引力はクーロン力です。この長岡のモデルは、イギリスのラザフォード（写真2-3　1871〜

1937）の実験によって正しいことが明らかになりました。

ラザフォードは α（アルファ）線と呼ばれる放射線がヘリウムの原子核（α粒子と呼ばれる粒子）の飛行であることを明らかにした科学者で、その功績によって1908年のノーベル化学賞を受賞しています。ラザフォードは、ニュージーランド生まれで、クライストチャーチのカンタベリー・カレッジで理学士をとった後、イギリスのケンブリッジ大学に進みました。ニュージーランド出身のため同僚から差別され、研究装置にいたずらされるなどのいやがらせを受けたこともあったようです。しかし、精力的な実験家であるラザフォードはまったくくじけませんでした。すぐれた研究成果を続々と発表し、後に「核物理学の父」と呼ばれるようになりました。

写真2-3 ラザフォード

ラザフォードは、1911年に α粒子を原子にぶつけて、α粒子がどのように散乱されるかを調べました。その結果、α粒子はほとんどの場合、原子の中を素通りしますが、ほんの一部ははじき返されることがわかりました。ほとんどが通り過ぎるということは、原子核はとても小さいということを表しています。

一方で、ぶつかるとはじき返されるということは、原子核がかなり大きな質量を持っていることを意味します。なぜなら、α粒子は電子の7300倍もの質量を持つことがわ

かっていたからです。もし、原子核の質量が小さいのであれば、α粒子は原子核をふきとばしてしまうはずで、はね返されることはないはずです。したがって、長岡モデルが正しいことがわかったのです。水素の原子核の質量は、1.66×10^{-27}kgであることが明らかになりましたが、これは電子の質量と比べると1830倍です。このように電子は原子核に比べるととても軽いので、原子の質量はほとんど原子核だけで決まっていることがわかりました。

■散乱

このラザフォードの散乱の実験に見られるように、**散乱**は量子力学の重要な分野です。未知の構造を持つ「何か」に、質量のわかっている粒子をぶつけて、その散乱の様子から構造を調べるという手法は、現代の物理学の様々な分野で使われています。

一方、このような役に立つ散乱の他に、不要な散乱もあります。半導体の中で起こる電子の散乱は、その望ましくない現象の一例です。トランジスタなどで使われる半導体の中では電子がきれいに流れるのが最もよい状態ですが、散乱が起こるというのは、その流れが乱されることを意味します。しかし、その望ましくない現象を減らすためには、やはりきちんと散乱現象を調べる必要があります。

というわけで、散乱は量子力学で重要な分野になっています。ほとんどの量子力学の教科書では、散乱の章が突然現れるのが普通です。その場合、なぜ、散乱を学ぶのかがわからない場合が多いようです。散乱現象は、微細な構造

を調べる場合や、半導体工学でも重要な現象であるということを頭に入れておくと、学ぶ意欲がわくことでしょう。

　散乱の仕方にもいくつかの種類があります。散乱の前後で粒子（波動）が運動エネルギーを失わないのが**弾性散乱**で、失うのが非弾性散乱です。弾性散乱の場合は、運動エネルギーを失わないので、それぞれの粒子の運動が簡単に計算できます。したがって、一方の粒子の質量が未知であっても、散乱の様子を解析すれば、その質量を求められます。ラザフォードやコンプトンの実験がこの場合に対応します。

　ぶつかる対象同士が電荷を持っている場合は、クーロン力が重要です。一方、どちらか一方が電気的に中性な原子の場合には、クーロン力は効かないので、他の相互作用が働きます。金属や半導体の中を流れる電子が原子にぶつかると、電子はこの散乱でエネルギーの一部を失い、原子はそのエネルギーをもらってブルブルと振動します。このブルブルという原子の振動を格子振動と呼びます。

「格子」とは、格子窓の格子と同じ意味です。結晶の原子が格子のように規則的に並んでいることに由来します。この格子振動のエネルギーも量子化されていて、**フォノン**と呼ばれます。フォノンというと何か難しい現象のように思えるかもしれませんが、私たちが身近に体験する「熱」のことです。電線に電気を流すと熱が発生しますが、量子力学の世界では、フォノンの発生として理解できるというわけです。

第2部　原子の姿

■ラザフォード－長岡モデルの矛盾

　プラスの電荷を持つ原子核が中心にあり、その周りに電子があるとするなら、その電子の軌道がどのようなものなのか考える必要があります。ラザフォード－長岡モデルでは、電子が原子核の周りを回っているのですが、このモデルには1つ問題がありました。それを説明しましょう。

　電磁気学を完成させたマクスウェルが発見した法則に**アンペール－マクスウェルの法則**があります。この法則は、「電場が時間的に変化すると磁場を生じる」というものです。「磁場が時間的に変化すると、電場を生じる」ことは、**電磁誘導の法則**としてファラデー（1791〜1867）が発見していました。したがって、この2つの関係が交互に繰り返されると、電場と磁場が空間に広がっていくことになります。これがマクスウェルが理論から予想し、後にヘルツ（1857〜1894）が実証した電磁波（＝電波）です。（電磁気学について興味のある方は、拙著『高校数学でわかるマクスウェル方程式』（講談社ブルーバックス）をご覧ください。）

　このアンペール－マクスウェルの法則で、電子の運動を考えてみましょう。プラスの電荷を持つ原子核の周りを電子が回ると、その周りの電場は規則的に時間変化します。すると、アンペール－マクスウェルの法則と電磁誘導の法則により電磁波を生じるはずです。電磁波はエネルギーを持つので、エネルギーの保存則から考えると、電磁波を周りに出すことによって電子の持っている運動エネルギーは、どんどん小さくなるはずです。地球の周りを回る人工

衛星が大気圏に入ってスピードが落ちる（＝運動エネルギーが小さくなる）と重力に引かれて、地球に落ちるように、電子もエネルギーを失ってスピードを失うとクーロン力に引かれて原子核に向かって落ちるでしょう。

　この時間を計算してみると、原子の寿命が非常に短くなってしまいました。例えば、水素原子の場合の計算結果は1000万分の1秒です。ところが自然界に存在する普通の原子は長く安定に存在しますから、この計算とは完全に矛盾します。したがって、ここまでに述べたモデルのどこかが間違っていることになります（図2-1）。

　また、原子が出す電磁波（＝光）を分光器で調べてみると、図2-2のように、それらの光のエネルギーはとびとびの値しかとらないことがわかりました。電子が電磁波を出しながら原子核に向かって落ちるとすれば、電子は徐々にエネルギーを失うはずなので電磁波のエネルギーはとびとびの値ではなく、なめらかに変化していくはずです。これも矛盾の1つです。これらの矛盾を解くために、ボーアは、1913年に新しい仮説を提唱しました。

　ボーアは、デンマークのコペンハーゲン生まれで、1911年にコペンハーゲン大学で博士号をとりました。その後イギリスに渡り1911年から1912年にかけて、トムソンやラザフォードの下で研究に従事しました。ラザフォードを訪ねたのは、α線を用いた実験の翌年です。

　ボーアの仮説は以下のようなものです。

第2部　原子の姿

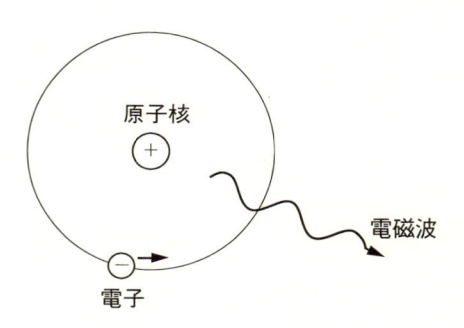

原子核の周りを電子が回っているとすると、原子核と電子によって作られる電場は周期的に変動していることになる。

↓

周期的に変動する電場の周りには、周期的に変動する磁場が生じる。
アンペール - マクスウェルの法則

↓

周期的に変動する磁場の周りには、周期的に変動する電場が生じる。
ファラデーの電磁誘導の法則

↓

つまり電磁波（電波）が生じます

↓

電磁波の放射によって電子のエネルギーは減るので、電子のスピードは落ち、原子核に引きつけられ、やがて原子核にくっつくはずだ。

↓

計算すると、1000万分の1秒で電子は原子核に衝突するはずだ。

↓ **矛盾**

ところが、自然界の原子は安定に存在している。

図2-1　ラザフォード - 長岡モデルの矛盾

紫　藍　　青　　　　　　　　　　赤

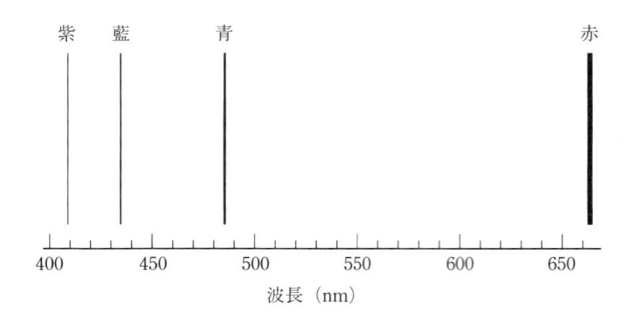

400　　450　　500　　550　　600　　650
波長（nm）

図2-2　水素原子のスペクトル

水素原子が出す電磁波（＝光）のエネルギーはとびとびです

・原子の中の電子の軌道上では、電子の回転運動によって電磁波は発生しない。したがって、電子も運動エネルギーを失わない。（図2-3）
・電子の軌道は「ある条件式」を満たすとき、安定であり、決まったエネルギーを持つ。
・ある軌道からエネルギーの低い別の軌道に電子が落ちるとき、その2つの軌道のエネルギー差に等しい電磁波を出す。（図2-3）

　電子が、ある波動関数の状態から別の波動関数の状態に移ることを**遷移**（せんい）すると言います（日常の言葉と区別するために、このような難しい訳語が使われているのだと思います）。ボーアが求めた「ある条件式」を満たす軌道のエネルギーは、とびとびの値になります（つまり、量子化されています）。原子の中の軌道のエネルギーがとびとびの値

第 2 部　原子の姿

軌道上の電子の運動では、電磁波は発生しません。

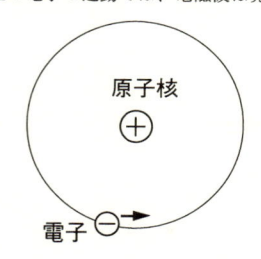

電子がエネルギーの低い別の軌道に飛び移る（遷移する）とき、そのエネルギー差と同じエネルギーを持つ電磁波（光）を放射します。

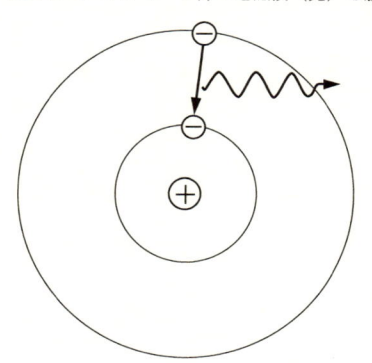

図 2-3　ボーアの新モデル

を持つとすると、それらの 2 つの軌道のエネルギー差もとびとびの値を持つでしょう。したがって、電子の遷移にともなって放射される電磁波のエネルギーも、とびとびの値になります。このボーアのモデルによって、それまでの実験結果がかなり正確に説明できるようになりました。ただし、ボーアが求めた「ある条件式」の物理的な意味はわか

りませんでした。

ボーアの条件式の意味については、ド・ブロイが新しい解釈を施しました。ド・ブロイは、まず、電子が波の性質を持つと考えました。そして、図2-4のように軌道の1周の長さが電子の波の波長の整数倍に等しいときのみ定在波が存在し、軌道は安定であると考えたのです。軌道の1周の長さが電子の波の波長の整数倍と異なる場合は、1周目の波に2周目の波を重ね合わせ、それにさらに周回する波を重ね合わせていくと、やがて、波と波が打ち消しあって、消えてしまいます（すなわち安定した軌道ではない）。一方、定在波が存在するときは、周回する波を重ね合わせ

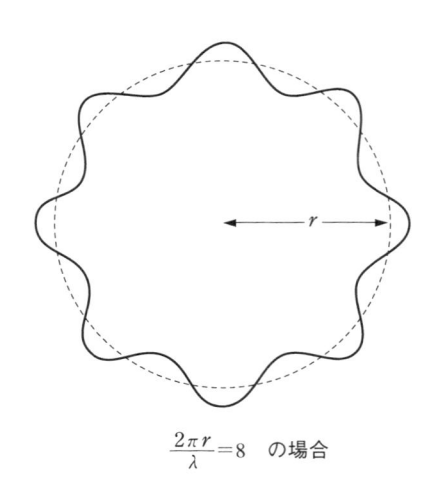

$\frac{2\pi r}{\lambda}=8$ の場合

図2-4 ボーアの量子条件のド・ブロイによる解釈
軌道の1周の長さが電子の波の波長の整数倍のとき安定します

ても消えないというわけです。軌道の半径を r とすると円周の長さは、$2\pi r$ です。これが電子の波長 λ の整数倍（n 倍）でなければならないので、

$$2\pi r = n\lambda \quad (n=1, 2, 3, \cdots)$$

と書けます。この式は、ボーアが求めた条件式と等価でした。

1924年にド・ブロイはこの新しい理論を「ネイチャー」ともう1つ別の論文誌、計2誌に発表しました（ちなみに、この2つの論文は英語で書かれましたが、その後のほとんどの論文はフランス語で発表しました）。これらの論文は、ボーアやハイゼンベルクらの当時の主流派の考えとあまりに違っていたので、当初はほとんど注目されませんでした。2年後にアインシュタインがその重要性に気づき広く紹介したのです。その結果、ようやくこれらの論文の存在が知られるようになりました。しかし、シュレディンガーも当初はド・ブロイの論文をさほど重要だとは考えなかったそうです。

ボーアのモデルの1項目の「電子が原子核の周りを回っても、電磁波が生じない」というのは、アンペール - マクスウェルの法則に反しているように見えます。とすると、電磁気学の基本的な法則が原子の中で成り立たないのでしょうか。

もちろんそのようなことになると大変です。とすると、電子が原子核の周りを周期的に回っているというモデルに

問題があるのではないかと気づきます。土星モデルは、原子の一面を描写する際には正しいのですが、ここでは破綻しているのです。

ボーアのモデルは、やがて広く受け入れられるようになりました。その後、1921年にはコペンハーゲンに理論物理学研究所が設立され、ボーアは初代の所長に就任しました。1922年には、原子モデルの提案と元素の周期律の理論などの功績によってノーベル物理学賞を受賞しました。このボーアの下には、パウリ（写真2-4　1900～1958）やハイゼンベルク、それにディラックなどの秀才が集まりました。彼らは、量子力学の発展に多大な貢献をし、コペンハーゲン学派と呼ばれました。

写真2-4　パウリ

■原子のモデルの複雑化

ボーアモデルの電子の軌道は、円でした。このモデルでは電子が1個しかない水素原子は説明できますが、もっと複雑な原子の説明はうまくいきません。そこで、ゾンマーフェルト（写真2-5　1868～1951）は、1916年に軌道を楕円に拡張し、また傾いた軌道も導入しました。太陽系内の惑星が楕円軌道をとるのと同じ概念です。この当時までは、ニュートン力学の範囲内で原子の構造を理解するしかなかったのです。しかし、電子の性質が未解明のため、原

子の姿もあいまいなままでした。

この限界を最初に打ち破ったのがゾンマーフェルトの弟子、ハイゼンベルクでした。ハイゼンベルクはプラトンの「対話篇」に強い影響をうけ、古代ギリシア以来の伝統の「議論によって真理に近づくという方法論」の信奉者でした。ハイゼンベルクによる自伝的著作『部分と全体』では、ボーアや他の研究者との対話によって量子力学を構築する姿が描かれています。ハイゼンベルクは、1925年に行列を用いて、量子力学の問題を解く方法を編み出しました。

写真2-5 ゾンマーフェルト

ただ、おもしろいことに、ハイゼンベルクは極めて優れた数学の能力を持っていながら、当時は行列の知識をまったく持っておらず、計算では表にして行列を表していました。行列を使って、ハイゼンベルクの理論を改良したのは、ヨルダン(1902〜1980)らです。ハイゼンベルクによって生み出されたこの理論の体系は行列力学と呼ばれています。

翌年に、ハイゼンベルクより遅れてシュレディンガーがシュレディンガー方程式を発表しました。当初、ハイゼンベルクの行列力学とシュレディンガー方程式は同じ答えを与えるものの、2つは独立に存在していました。異なる方法で計算結果が同じになる理由は謎でしたが、やがて、

シュレディンガーとディラックは、この2つが数学的に同じであることを証明しました。シュレディンガーが生み出した理論の体系は、ド・ブロイが提唱した波の概念に基づくものなので、波動力学と呼ばれています。

波動力学は、ハイゼンベルクの行列力学より数学的に簡単で、波のイメージを使って現象をよく説明できるのでショックをうけたとハイゼンベルクは述べています。当時パウリが行列力学の複雑な計算を経て得た結果も、シュレディンガーの方法を使えばもっと簡単に解けました。

パウリもゾンマーフェルトの弟子ですが、ゾンマーフェルトは、多くの優れた研究者を育てたので、アインシュタインは「ゾンマーフェルトは打ち出の小槌のように弟子を生み出す」と言ったそうです。

シュレディンガーの波動方程式が発表されたころ、ハイゼンベルクは当時コペンハーゲンのボーアの下で研究していました。ボーアはシュレディンガーを早速コペンハーゲンに招きました。ボーアはわざわざ駅までシュレディンガーを迎えに行ったそうですが、2人の議論は、いきなり駅から始まりました。

ボーアたちコペンハーゲン学派はシュレディンガーの波動力学の数学的な簡単さは認めたものの、量子力学に関するシュレディンガーのいくつかの解釈には反対しました。議論は時間を惜しんで行われ、シュレディンガーは理論物理学研究所の中にあったボーアの自宅に泊まり込むことになりました。数日間の論争の後、シュレディンガーは熱を出し、ボーア宅で寝込む結果となりました。

その後、シュレディンガー方程式が与える波動関数が何を表すかの論争が起こりました。今日では、ボルンによる解釈「$|波動関数|^2$は、その場所に電子が存在する確率を与える」に落ち着いています。したがって、ある場所に電子がいる確率は、波動関数の絶対値の2乗を計算すればわかるということです。

電子は粒子であるとともに波であり、ハイゼンベルクの不確定性関係により電子の位置を正確に測定しようとすればするほど運動量は不確定になります。したがって、ボーアやゾンマーフェルトが当初考えたような明確な軌道を観測することは不可能です。そこで、現在では電子が雲のように広がっているという**電子雲**のイメージで原子をとらえるのが一般的です。

■シュレディンガーのインド哲学

シュレディンガーが青年期をすごした20世紀初頭には、アジアの哲学に関する一種のブームが起こりました。ブームの火付け役となったのは哲学者ショーペンハウアー（1788〜1860）です。19世紀に世界中に植民地を広げたヨーロッパの列強諸国は、遅れていると考えられていたアジアにヨーロッパにはない思想哲学が存在することに気づき始めました。そして、古代のインド哲学や中国の易経などに魅了される人々が増えたのです。

シュレディンガーはインド哲学に惹かれましたが、量子力学の建設者の一人であるボーアは易経に惹かれました。後にボーアは紋章に易経のシンボルを取り入れました。他

の分野では、心理学で有名なユング(1875〜1961)や、作家のヘッセ(1877〜1962)もインドの哲学に大きな影響を受けています。

シュレディンガーが影響を受けたのは、ヴェーダーンタ哲学と呼ばれる思想です。ヴェーダーンタ哲学を表す書物としては『バガヴァッド・ギーター』があります。ギーターは、「成功と失敗を同一のものと見なし、思い惑わずに着実に汝の義務を果たせ」と繰り返し呼びかけるところに大きな特徴があります。この点が、人生の大事において、成功を望みながら一方で失敗を恐れてとまどう多くの人々を勇気づけてきました。

しかし、シュレディンガーが最も強く共鳴したのは、ヴェーダーンタ哲学の根幹をなす、「梵我一如」の思想のようです。これは、梵(宇宙の真理のようなもの)が、我(自分自身)の中にも、また、世界のあまねく場所の過去から未来にいたるどの場所にも存在し一体化しているという思想です。シュレディンガーは、この点について次のように述べています。

通常の理性では信じがたいことかもしれないが、君は万有の中の万有であるということである。君が日々営んでいる君のその生命は、世界の現象の中のたんなる一部分ではなく、ある確かな意味あいをもって、現象全体をなすものだと言うこともできる。ただこの全体だけは、一瞥して見わたせるようなものではない。周知のようにバラモンたちはこれを、「そは汝なり」という神聖にして神秘的であり、

しかも単純かつ明快なかの金言として表現した。それはまた、「われは東方にあり、西方にあり、地上にあり、天上にあり、われは全世界なり」という言葉としても表現された。(『わが世界観』シュレーディンガー著　橋本芳契監修　中村量空、早川博信、橋本契訳　ちくま学芸文庫)

「梵我一如」は、日本では仏教の言葉として伝えられていますが、実際には、この概念は仏教よりも古く釈迦の生誕以前にインドに存在していました。仏教の中に紛れ込んで日本にも伝わったのです。

　ただし、シュレディンガーがインドの古代思想のすべてに埋没するほど傾倒していたかというと決してそうではなく、儀式や迷信を排除し、哲学の本質のみを合理的に受け入れていました。彼が極めて高い合理的精神の持ち主であったことを誤解しないようにする必要があります。

2　量子数とはなにか

■水素原子

　電子が原子の中にどのように分布するかを知るためには、シュレディンガー方程式を解く必要があります。原子の中で最も構造が簡単な水素原子のシュレディンガー方程式を解いた結果を見てみましょう。

　水素原子は原子核と、その周りを運動する1つの電子からできています。また、原子核は電子の電荷と符号が反対

で絶対値が同じ大きさの電荷を持っています。水素原子は電子の数が1個だけなので、原子の中では最も簡単な構造をしています。前述のように水素の原子核の質量Mは電子の質量mの1830倍もあるので、原子核は静止していて、その周りを電子がクーロン力（$\frac{e^2}{r^2}$）に引っ張られながら運動しているとみなすことができます。

　水素原子のシュレディンガー方程式の解き方は標準的な量子力学の教科書に載っているので割愛しますが、その解は

動径波動関数（原子核と電子の距離 r に依存する関数）
$$\times$$
角度波動関数（原子核から見た電子の方向に依存する関数）

で表されます。水素原子のエネルギーは、**主量子数**と呼ばれる正の整数 n（＝1, 2, 3, …）に依存し、$n=1$ のときが最もエネルギーが低くなります。他に、l と m という量子数が存在し、l は**方位量子数**、m は**磁気量子数**と呼ばれます。

　第1部の最後で見たように、量子井戸の波動関数はサイン波で表され、そのエネルギーは主量子数に相当する n の値のみによって異なりました。量子井戸中の電子と水素原子の電子はどちらも n が大きいほど大きな運動エネルギーを持ちます。水素原子に l や m の余分な量子数が加わるのは、1次元の量子井戸とは違って水素原子中の電子は3次

元の空間を走り回っているという複雑な構造を持っているからです。

例えば、**動径波動関数**は数学でルジャンドル関数と呼ばれる特殊な関数で表され、サイン波よりはずっと難しい関数の形をしています。最初に水素原子のシュレディンガー方程式を解いたパウリとシュレディンガーは、この難しい関数を知っていたのですから大したものです。動径波動関数は n と l の値によって形が変わりますが、硬式野球のボールのように芯のつまった形をしたものや、ピンポンの球のように殻だけの構造に近いものなどがあります。

角度波動関数がどんな形をしているか見てみましょう。方位量子数 l が 0 の角度波動関数は、角度に依存しない空間的に丸い関数になります。この $l=0$ の状態を **s 状態**と呼びます。$l=1, 2, 3$ の状態は、それぞれ **p, d, f 状態**と呼びます。これらの s, p, d, f の語源は原子からの発光を分光器で測定したスペクトルの形に由来します。s は sharp（鋭い）、p は principal（中心的な）、d は diffuse（ぼやけた）、f は fundamental（基本的な）などの頭文字です（f より大きな l の値を持つ場合には、g, h, i とアルファベット順に呼ぶようになりました）。

s 状態以外の角度波動関数は、空間的に角度依存性を持つ関数です。例として p 状態（$l=1$）の角度波動関数を図2-5に示します。ひょうたんのような形をして原点でゼロになるのが p 状態の特徴です。また、この p 状態は、x 方向に伸びたものと、y 方向に伸びたもの、それに z 方向に伸びたものに分類できて、それぞれ p_x, p_y, p_z 状態と呼

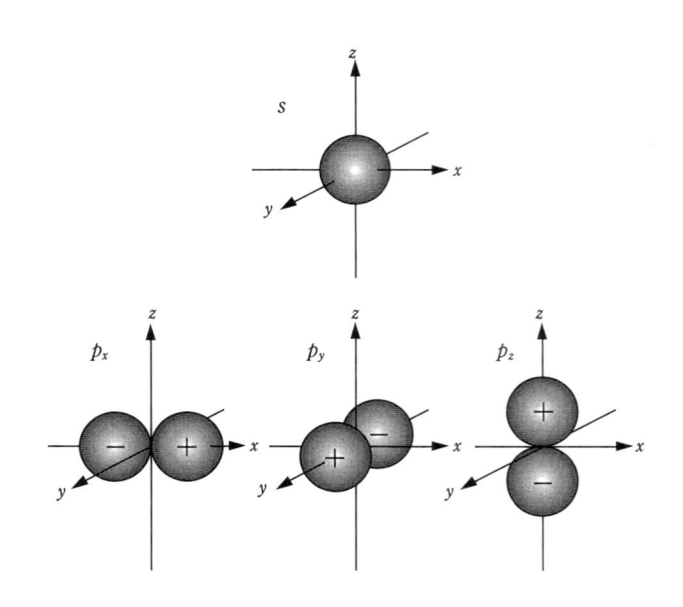

図2-5 s状態、p状態の角度波動関数の絶対値の方向依存性
+−は、波動関数の正負を表します

ばれます。s状態は原点を中心にした丸い偶関数ですが、p状態は奇関数です。例えば、波動関数 p_x は x が正の領域で $p_x>0$ ですが、x が負の領域では $p_x<0$ です。s状態は球対称の波動関数なので、ボーアの初期のモデルに近いのですが、p状態は相当違っています。

原子の中の電子の状態が n, l, m の3つの量子数によって表されると聞くと、3つもあって、面倒だという方も少なくないと思います。しかし、原子は110種類あまりもあるのにその軌道がたった3種類の量子数で表せるわけ

で、見方を変えれば、こちらの方が驚きです。

　nの値によって軌道のエネルギーがほぼ決まり、ここまでに見たようにlの値によって、s状態とかp状態のように軌道の形が変わります。では、3つ目の磁気量子数mは何を表すのでしょうか。

　異なる波動関数が同じエネルギーを持つ場合がありますが、これを縮退と呼びます（難しい呼び方で、筆者などはエネルギーが同じなわけですから「重複」とでも名付けたいところです）。ところが、原子に磁場をかけたときに縮退していた波動関数にエネルギーの差が現れるので、これをさらに磁気量子数mで区別します。つまり、nとlが同じでmが異なる波動関数は縮退していてエネルギーに差はないのですが、磁場をかけるとエネルギーが分裂します。これを「縮退が解ける」と表現します。

■土星モデルによる磁気量子数の説明

　磁気量子数mを、土星モデルを使って説明しましょう。土星モデルの一例は真ん中に＋電荷を持つ原子核があって、その周りを電子が円盤状に右回りに周回しているモデルです。また、その周回が左回りの電子の軌道も考えてみましょう。回転の半径が同じで、速さも同じなので、両方の電子の運動エネルギーは同じです。次にこの回転面に垂直に磁場をかけた場合を考えます。電磁気学の中にアンペールの力またはローレンツ力と呼ばれる法則があったことを思い出しましょう。

　ローレンツ力は電荷の運動方向と垂直の方向に働く力な

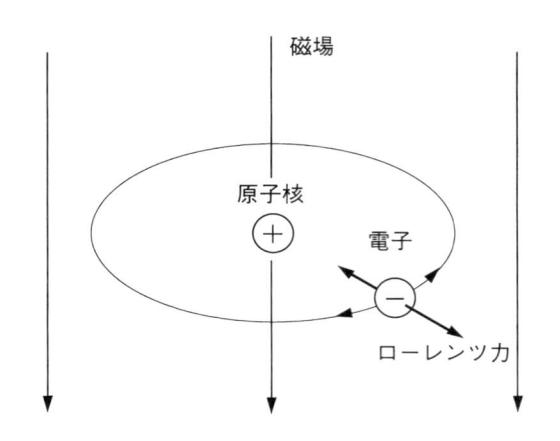

図2-6 電子にはたらくローレンツ力
磁場中では、電子の回転方向によってローレンツ力の向きは逆になります

ので、右回りか左回りかによって、図2-6のように一方は、原子核の方向へ、もう一方は原子核とは反対方向へ働きます。あたかも原子核と電子の間のクーロン力の大きさが変化したかのように働きます。とすると電子の軌道は影響を受け、エネルギーも変化し、この2つの軌道のエネルギーは異なることになります。

■シュテルンとゲルラハの実験
シュテルン（写真2-6 1888～1969）とゲルラハ（写真2-7 1889～1979）は、この磁気量子数の違いを観測するための実験を1922年に行いました。そして、磁気量子数だけでは説明できない新しい現象を発見しました。

彼らは、不均一な磁場の中で原子を飛ばす実験を行いま

した(図2-7)。まず、原子を飛ばすために原子を熱します。例えば、銀の原子を飛ばすためには、銀の固まりをヒーターで熱するわけです。すると

写真2-6　シュテルン　　**写真2-7　ゲルラハ**

溶けた銀の表面から、銀原子が熱エネルギーをもらって飛び出します。もっとも、空気中であればすぐに空気の分子とぶつかってしまうので、ほんの少しの距離しか飛びません。このため実験は真空中で行います。また、熱のエネルギーをもらって原子はいろんな方向に飛びだすので、途中に小さな穴を開けたスリットを2つ置きました。この2つの穴を通り抜けて飛ぶ銀原子の方向はそろっています。この銀原子が不均一な磁場中を通り抜けたあと、スリットのどこに到達するかを調べたのです。

　ところで、どうして「不均一な磁場」の中を飛ばす必要があるのかピンとこない方も多いと思うので、その理由を考えてみましょう。ここでは土星モデルを使って考えます。

　土星モデルでは電子の軌道は土星のリングに対応し、原子核の周りをぐるぐる回っています。これは電荷を持った

原子線 スリット

スリット

磁石

S

磁石

N

銀原子の到達点は、スクリーン上で上下に分かれました。

スクリーン

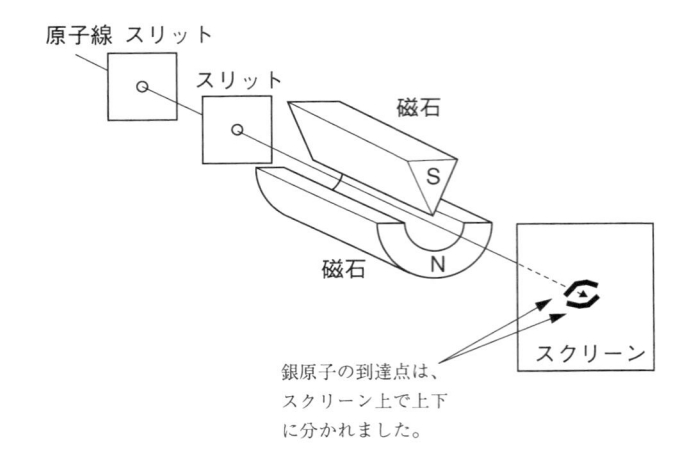

図2-7　シュテルン - ゲルラハの実験の模式図
原子線は、S極とN極の間を抜けてスクリーンに到達します

電子が回っているので、コイルを円電流が回っているとみなすことができます。コイルを円電流が流れると、磁場が発生するのでこれを小さな磁石とみなせます。ですから、磁場の中で磁石を飛ばすとき、「均一な磁場」中でも軌道が曲がるのではないかと思う読者もいるかもしれません。しかし、均一な磁場中では、小さな磁石のN極とS極に働く力の大きさは同じで向きが反対なので、2つの力は打ち消しあってゼロになります。このため、不均一な磁場が必要なのです。

　不均一な磁場を作るためには、図2-7のような断面形のN極とS極の磁石を使います。このときS極側の磁束密度

第2部　原子の姿

は強く、N極側の磁束密度は磁束線が開いているので弱くなっています。S極から真下に線を引いたZ軸上の磁束密度 B_z は

$$S極のそばの B_z > 真下のN極のそばの B_z$$

という関係になっています。したがって、小さな磁石の2つの磁極に働く磁力の大きさに差が生じます。

ちなみに、円電流を小さな磁石に置き換えなくても、不均一な磁場が必要な理由は説明できます（図2-8）。電流に働く力はフレミングの左手の法則とかアンペールの力とし

一様な強さの磁場中での円電流

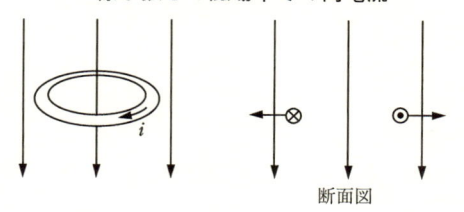

断面図

z軸に沿って磁場の強さが異なる磁場中での円電流

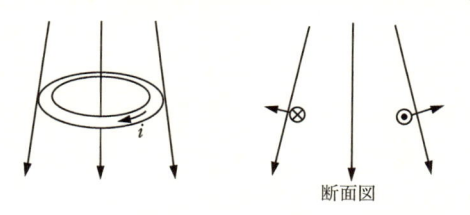

断面図

図2-8　なぜ不均一な磁場が必要か

て説明されます。図2-8の上の図のように空間的に一様な磁場中に電流をおいても力の働く方向は水平方向のみなので、コイルの上下方向には何の力も働きません。それに対して下の図のような不均一な磁場中では、磁束線の向きが傾いているので、上下方向にも力が働くというわけです。磁束線の開き方が大きいほど、上下の方向に働く力は大きくなります。

シュテルンとゲルラハの実験で、銀の原子を飛ばすと軌道が上下の2つに分裂することがわかりました。実は銀の原子は、磁気量子数mで表される磁場の効果は打ち消しあって存在しないはずなのです。なぜなら、すべての磁気量子数の軌道に電子が入るので、磁気量子数による磁場の効果は、すべて打ち消しあってゼロになります。とすると、磁気量子数以外の何らかの磁気的効果が働いていることになります。

■スピンの提案

オランダのハウトスミット（写真2-8 1902〜1978）とアメリカのウーレンベック（1900〜1988）はこの磁気的な作用を説明するために、スピンという概念を導入しました。

本来の意味でのスピンとは、自転を意味します。フィギュアスケートの選手が片足を軸にしてぐるぐる回るのもスピンと呼ばれていることはみなさんもよくご存じでしょう。電子が自転すると電子が持っている電荷もぐるぐる回ります。電荷が円軌道を回ると磁場が発生して、磁石として働くというわけです。この電子が自転しているというイ

メージは、この現象をよく説明できるので、スピンを理解する手段として広く受け入れられるようになりました。

ただし、では本当に電子が自転しているかというと、それは疑問です。というのは、電子が自転しているというイメージは、電子が野球のボールのような粒子であると想定したときのイメージです。人間が直接目にする世界のイメージを利用して理解しているにすぎないと考えてよ

写真2-8 ハウトスミット

いでしょう。仮に電子の自転により電荷が回転し磁場が生じているとすると、その自転の速度は電子の表面で光速をこえるという計算結果になります。光速より速い移動は相対性理論に反しているので、電子が自転するという古典的なイメージは厳密には間違っていることがわかります。

スピンを表すために、さらにスピン量子数という量が導入されました。例えば、電子のスピンの大きさは $\frac{1}{2}$ であり、上（アップ）を向いているときが $\frac{1}{2}$、下（ダウン）を向いているときが $-\frac{1}{2}$ です。上とか下は、外からかける磁場に平行か反平行の方向です。

電子の持つスピンは、鉄のような強磁性体を生み出す源になっています。強磁性体とは磁石になる材料のことで、鉄の中には数多くの電子が存在します。強磁性体の中では、アップスピンの電子の数がダウンスピンの電子の数よ

り多くなっています。この多い数の分が磁石としての働きをします。

電子のスピンと言われてもピンとこない方も多いと思いますが、磁石の起源であることがわかれば決して遠い存在ではないでしょう。強磁性体は磁石として様々なモーターの内部でも活躍していますし、ビデオテープやハードディスクなどの磁気記録の分野でも大活躍しています。

■スピンの歳差運動

次に、この小さな磁石に磁場がかかった場合を考えましょう。

方位磁石が地球の地磁気の向きに針を合わせるように、磁場中の磁石も磁場の方向に磁極を合わせるはずです。しかし、原子や電子はそう簡単ではありません。というのは、軌道やスピンによって生じる磁石は自転しているからです。この自転があると、磁場の方向に対する最初の角度を保ったまま、磁場の方向の周りを回転し始めます。

これは、こまの運動を例にして考えると理解できます。例えば、棒を1本、床の上に立てる場合を考えてみましょう。棒を斜めに立てて、手を離した瞬間を考えてみましょう(図2-9)。このとき、重力が働くため棒を倒す方向に回転モーメントが働き棒はすぐに倒れます。次に棒ではなく、回転しているコマを斜めに立てて手を離したらどうなるでしょうか。実際にコマを回してみるとよくわかりますが、回転するコマはすぐには倒れません。斜めの姿勢のまま図のように垂直軸の周りを回転し始めます。この運動を**歳差**

棒を斜めに立てて手を離すと
重力に引かれて倒れます。

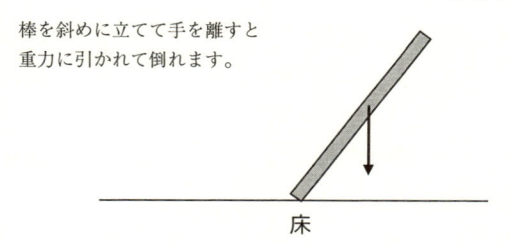

床

十分なスピードで自転するコマは、倒れずに、図のように回転します。
これが、歳差運動です。

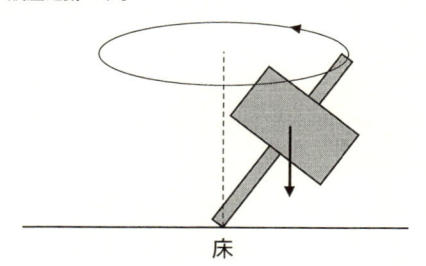

床

図2-9　歳差運動

運動と呼びます。実際のコマでは、床との摩擦によって回転のスピードは遅くなり、やがて倒れます。しかし、摩擦がなければ永遠に歳差運動を続けるだろうと予測できます。

　磁場の中にある電子の軌道やスピンも、この歳差運動を行います。スピンや軌道に磁場が働くとこの歳差運動が起こるので、(自転していない) 棒磁石に磁場がかかった場合より複雑になることに注意しましょう。

　本書で扱ったシュレディンガー方程式は、相対性理論の効果を含んでいません。相対性理論を含むシュレディン

ガー方程式（に相当する式）はディラックが導いたので「ディラック方程式」と呼ばれます。このディラック方程式にはスピンが含まれています。

■**スピン軌道相互作用**

電子のスピンは磁石として働くことがわかりました。そうすると、以下に述べるようにスピンと軌道の間に磁気的な相互作用が生じます。これは**スピン軌道相互作用**と呼ばれます。

電子と原子核の関係をラザフォード‐長岡モデルで考えてみましょう。原子核の周りを電子がぐるぐると回っています。このとき、仮に電子の上にあなたがいると想定して原子核を眺めてみましょう。すると、電子の上にいるあなたからは、原子核が電子の周りを回っているように見えるはずです。これは天動説と地動説の違いに相当する座標の変換に相当します（図2-10）。

電子を原点においた座標から見ると、プラスの電荷を持った原子核が電子の周りをぐるぐる回っているように見えるので、これは原子核の公転によって生じる円電流の中に電子がいるのと同じです。この円電流は磁場を作ります。電子のスピンは、小さな磁石として働くので、この円電流による磁場と同じ向きのときは、電子のスピンは安定でエネルギーが低くなり、反対の向きのときはエネルギーが高くなります。これがスピン軌道相互作用です。

このスピン軌道相互作用によって、原子の中の電子のエネルギーは、細かく分裂します。電子が多数個ある場合

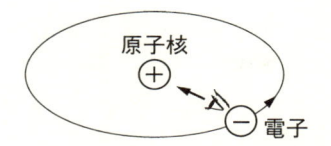

第 2 部　原子の姿

原子核の周りを電子が回っている図

電子の上にいる人が原子核を見ると電子の周りを
原子核が回っているように見えます。

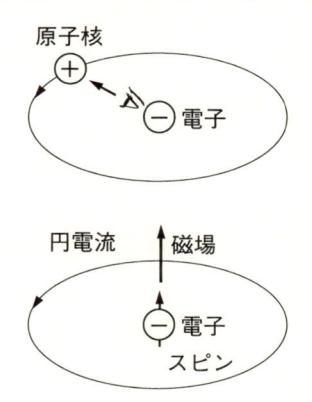

原子核と電子の図

円電流と磁場、電子のスピンの図

＋電荷の原子核の回転は、円電流とみなせるので、円電流の内側に磁場
が生じます。スピンとこの磁場の向きが同じ時は、安定でエネルギーが
低く、反対の時は不安定となりエネルギーが高くなります。

図 2-10　電子の「地動説と天動説」：スピン軌道相互作用

は、細かく分かれたエネルギー準位の最も低いものから順
番に電子が入ります。

■パウリの排他原理

　電子は、1つの状態に1個しか入れないという性質があ
ります。パウリが提唱したので**パウリの排他原理**と呼ばれ

ています。スピンも状態を表す1つの指標なので、量子数 n, l, m とスピンの4つの指標で表される1つの状態に電子は1個しか入れないということになります。

パウリは1900年のオーストリア生まれです。ミュンヘンのゾンマーフェルトの下で学びました。ハイゼンベルクと同じくボーアの下でも研究を行い、コペンハーゲン学派の一人でした。独特の鋭い舌鋒で知られ、他の研究者の誤りを見つけ出す能力がありましたが、一方で正しい説を発表しながらパウリに攻撃されたために、それを引っ込めてしまった学者もいます。

パウリが、理論家で実験の能力がさっぱりだったためか、あるいは、パウリに痛めつけられた実験物理学者たちがあまりにも多かったためか、パウリがそばにいると実験がうまくいかないというジョークが生まれ、「パウリ効果」と名付けられました。あるとき、ゲッチンゲン大学での実験が原因不明の理由で失敗したので、後でよく調べるとパウリがゲッチンゲン駅を列車で通過していたことがわかったということです。これも「パウリ効果」のせいにされています。

パウリの排他原理が働くのは電子のようなフェルミ粒子（電子、クォークなど）だけであり、ボース粒子（光子、中間子など）である光子には働きません。量子力学が扱う電子や光子などの粒子は、フェルミとディラックが作り上げたフェルミ-ディラック統計に従うものと、インド人のボース（1894～1974）とアインシュタインが作り上げたボース-アインシュタイン統計に従うものの2つに分けら

れます。フェルミ－ディラック統計に従う粒子は、フェルミ粒子（フェルミオン）と呼ばれ、ボース－アインシュタイン統計に従う粒子は、ボース粒子（ボソン）と呼ばれます。

フェルミ粒子は電子や原子核などの物質を構成する粒子なので、物質粒子とも呼ばれます。一方、光子に代表されるボース粒子は、フェルミ粒子と違って1つの状態にいくらでも入ることができます。1つの準位に数多くのボース粒子が入った状態をボース凝縮と呼びます。

もし、宇宙を構成する粒子がすべてボース粒子だったらどうなるでしょうか。宇宙のあちこちでボース凝縮が起こるでしょう。おそらく、私たちの身体を構成するボース粒子は、地球を構成するボース粒子の準位に入り込み、あなたは地球の中に溶け込むことになるでしょう。もちろん地球のような惑星も、現在のような形では存在しなくなります。

■フェルミ粒子とボース粒子

フェルミ粒子やボース粒子には、古典的な粒子とは異なる奇妙な性質があります。古典的な粒子では、2個粒子があった場合、両方が同じ種類の粒子であってもその区別はつきます。例えば、野球のボールが2個あったとして、それを2つの箱に1個ずつ入れた場合、ボールを入れる箱を逆にしても区別はつきます。また、1つの箱に2つのボールを入れることも可能です。

ところがフェルミ粒子やボース粒子では、本質的にその

区別がつかないというおもしろい性質があります。例えば、光子が入りうる状態が2つあったとします。この2つの状態に光子が入る入り方は図2-11のような3種類しかありません。なぜなら2つの光子を区別できないからです。電子や光子が（本質的に）区別できないというのは、日常生活での人間の常識とはかけ離れていますが、そう仮定してできあがったフェルミ－ディラック統計やボース－アインシュタイン統計の考え方で、電子や光子の分布が説明できるので、そう認めざるをえないのです。

　フェルミ粒子の場合は、さらにパウリの排他原理から「1つの状態には1個の電子しか入れない」という制約があります。したがって、2つの状態への入り方は1通りしかありません。

　ボース粒子は、4つの力（4つの相互作用とも呼ばれます）を媒介する粒子です。物質を構成する粒子ではありません。自然界には「重力」、「電磁力」そして「弱い力」と「強い力」と呼ばれる4つの力が働いていると考えられています。「重力」や「電磁力」は、私たちの日常生活で直接感じることのできる身近な力です。一方、「弱い力」や「強い力」は、とても易しい表現ですが、よくわからない方がほとんどでしょう。この2つの力は原子核よりも小さな領域で働く力で、身近なものではありません。

　この4つの力には、それを媒介するボース粒子も4種類あると考えられています。例えば、電磁力を伝えるのが「光子（フォトン）」で重力を伝えるボース粒子が「重力子（グラビトン）」です。

第2部 原子の姿

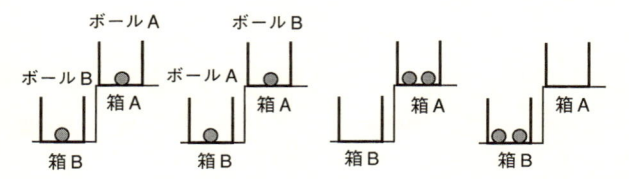

階段に2つの箱を置き、そこに、野球のボール2個を入れる場合を考えてみます。箱Aは、重力ポテンシャルが少し高いところにあります。このときの箱へのボールの入れ方は4通りです。

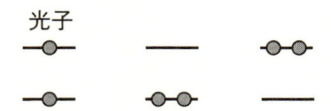

エネルギーの異なる2つの状態に、光子を2個入れる場合を考えてみます。光子や電子は、野球のボールと違ってそれぞれを区別できないという特徴があります。したがって、光子の入り方は3通りです。

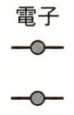

エネルギーの異なる2つの状態に、電子を2個入れる場合を考えてみます。電子は、パウリの排他原理に従うので1つの状態に1個しか入れません。したがって、電子の入り方は1通りです。

図2-11 光子や電子は区別できない

ボース粒子は、キャッチボールのボールのように２つのフェルミ粒子の間を行き来して力を伝えます。ボース粒子は質量が大きいほど、力の到達距離は短くなり、逆に質量が軽いほど遠くまで力が及びます。例えば、質量がゼロの場合は、無限のかなたにまで力が及ぶことになります。このあたりは、重い砲丸が少しの距離しか投げられないのに対して、軽いゴルフボールなら遠くの距離まで投げられるのとよく似ています。光子は電磁力を媒介しますが、質量がないので、電磁力は無限遠まで到達すると考えられています。重力子はまだ発見されていませんが、重力も無限の遠くにまで及ぶと考えられているので、重力子の質量はゼロであると予想されています。

■電子と光子

　人類が利用している代表的なフェルミ粒子は電子であり代表的なボース粒子は光子です。この２つは、フェルミ粒子とボース粒子の違い以外にも性質が異なります。電子の特徴は、電荷を持っていることです。このため外から電場や磁場をかければ、電子をかなり自由に操れます。トランジスタに代表される電子デバイスが、広く利用されているのは電子の制御の容易さに理由があります。一方で電子は電場や磁場の影響を受けやすいので、遠くまでそのままの状態で移動させるのは容易ではありません。

　それに対して、光子は電場や磁場との直接的な相互作用はほとんどありません（光子の発生には、電場や磁場が関わりますが）。したがって、光子を外からの電場や磁場で

制御することは容易ではありません。しかし、逆に、電場や磁場の影響を受けずに遠くまで飛ばしやすいのです。

現在の通信手段で最も大きな容量をささえているのは、光ファイバーと呼ばれるガラスでできた繊維状の管の中に光を飛ばす光通信です。通信に光が用いられているのは、電場や磁場の影響を受けにくいという光子の性質によっています。

では、電場や磁場によって光を制御する方法はないのでしょうか。実は、電場をかけると屈折率が変化する非線形光学結晶と呼ばれる特殊な性質を持つ結晶を使えば可能です。電場をかけることによって、結晶の屈折率が変わる効果には、カー効果やポッケルス効果と呼ばれるものがあります。光通信に用いられている主要な装置の中で電気信号を光の信号に変換するときなどに用いられています。

3　核と核分裂

■質量と電荷の矛盾

原子の質量と電荷についての情報から、原子核の姿のヒントが得られました。研究が進むにつれて電子を1個持つ水素原子の質量を1とすると、電子を2個持つヘリウムの質量はその4倍あることがわかりました（図2-12）。また、電子を6個持つ炭素の質量は12倍でした。電子の質量は原子核に比べてはるかに小さいので、原子の質量のほとんどは原子核によるものです。また、原子は電気的に中性なの

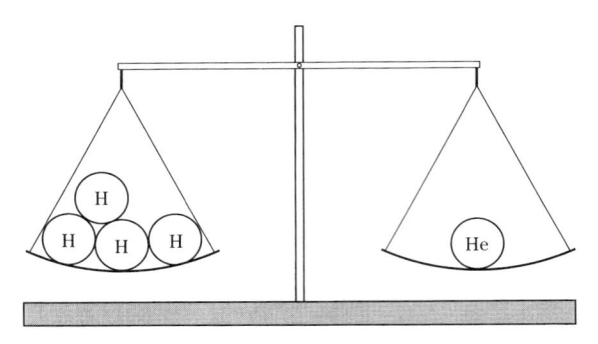

ヘリウム (He) の電荷は水素 (H) の2倍ですが、質量は4倍もあります。

図2-12　ヘリウムの質量

で、電子の電荷と同じ大きさで符号が反対の正電荷が原子核の中にあります。

電子と反対の正の電荷を持つ水素の原子核を**陽子**と名付けるとすると、他の原子の原子核の中身はどうなっているのでしょうか。

この謎は、1932年のフレデリック・ジョリオ=キュリー（1900〜1958）とイレーヌ・ジョリオ=キュリー（1897〜1956）夫妻によるベリリウム原子に α 線を照射する実験をもとに解明されました。イレーヌは、有名なキュリー夫人の娘です。このジョリオ=キュリー夫妻の実験を解析したのは、イギリスのチャドウィック（1891〜1974）でした。チャドウィックはこの実験から、ベリリウムの原子核の中に陽子とほぼ同じ質量を持ち、電荷を持たない（つまり電気的に中性の）粒子が存在することを明らかにしました。その結果、この粒子は**中性子**と呼ばれるようになりました。

第 2 部　原子の姿

　つまり、原子核は陽子と中性子という 2 種類の粒子が集まってできていることになります。水素原子の原子核は陽子 1 個だけからできていますが、ヘリウムの原子核は陽子 2 個と中性子 2 個からできています。炭素の原子核は陽子 6 個と中性子 6 個からできているということになります（図2-13）。

　原子の化学的な性質は電子の数によって決まります。この電子の数は原子番号と呼ぶ重要な指数になっています。また、原子核の陽子と中性子の数の和は原子の質量を表すので**質量数**と呼ばれています。

■原子核の中の力

　原子核の中に複数の陽子があるとすると、陽子どうしを

水素の原子核　　　　　　⊕　　　　　　陽子1個

ヘリウムの原子核　　　　⊕⊕　　　　　陽子2個
　　　　　　　　　　　　○○　　　　　中性子2個

炭素の原子核　　　　　⊕⊕　　　　　陽子6個
　　　　　　　　　　⊕⊕⊕⊕　　　　中性子6個
　　　　　　　　　　○○○○
　　　　　　　　　　　○○

図 2-13　原子核は陽子と中性子からできている

結びつけている力があるはずです。しかし、ラザフォードの実験で明らかになったように原子核はとても小さいので、その小さな空間の中に陽子を閉じこめると正の電荷どうしが反発する力は大きくなります。粒子の間に働く力は、当時、クーロン力と万有引力しか知られていませんでした。したがって、どのような引力が働いて陽子や中性子が集まっているかはまったく謎でした。

この難問を解いたのは、湯川秀樹（1907〜1981）です。湯川は陽子や中性子を結びつける粒子として、**中間子**と呼ぶ新しい粒子の存在を仮定しました。この中間子のキャッチボールによって引力が生じると考えたのです。1935（昭和10）年に湯川が発表した中間子論は当初ほとんど注目されず、数年後、類似の構想を持ったイギリスの研究者らによって湯川の論文が再発見されました。

ボーアは当初この湯川の中間子論に懐疑的で、湯川に会ったとき、「君はニューパーティクル（新しい粒子）が好きなのか」と聞いたそうです。実際に中間子が発見されたのは12年後です。湯川は、この中間子論によって1949（昭和24）年のノーベル賞を受賞しました。

中間子論には後日談があります。第二次世界大戦が1945（昭和20）年に終わって、日本の学校制度はアメリカの制度にならって大きく変わりました。アメリカでは４年制大学を出ると学士の学位が得られ、その後、大学院を２年修了すると、マスター（Master）という学位が取れます。分野は違いますがMBA（Master of Business Administration）もその一種です。そして、さらに平均で３年間大学

院へ行き論文にまとめると博士号を取れます。

　日本には、このマスターの制度がありませんでした。ところが、このマスターを日本に導入するにあたってよい訳語が見つかりませんでした。このためどのような言葉を使えばよいのか政府の委員会でも相当紛糾しました。そこで困った議長が、それまでずっと沈黙していた湯川先生に意見を求めました。すると、重々しく立ち上がった湯川先生は、「マスターは、学士より上で、博士よりは下である。ちょうど間にあるから**中間士**と名付けてはどうか」とおっしゃったそうです。この話は、日本の科学界が生んだ最もよくできた冗談の一つですが、実際は、マスターは修士と呼ばれることになりました。

■同位原子

　水素は電子1個を持つので原子番号は1ですが、原子についての研究が進むにつれて自然界には微量ながら、質量数2の水素があることがわかりました。原子番号は同じなので、原子核に中性子が余分に1個含まれていることを意味します。

　水素の他にも原子番号は同じでも質量数の異なる原子があることが明らかになりました。このような原子を**同位原子**（または同位体や同位元素、アイソトープ）と呼びます。これらの同位元素を表現するために、^2Hとか^2_1Hと表します。元素記号の左上に付けた添え字は質量数を表し、元素記号の左下に原子番号を付ける場合もあります。同位元素として有名なのは原子番号92のウランで、大部分

は質量数238の ^{238}U であるのに対して、質量数235の同位原子 ^{235}U があります。

このウランから放射線が出ていることは、1896年にベクレル（1852〜1908）によって報告されました。ウランの化合物から出る謎の放射線は、光をさえぎった箱の中に入れたフィルムを感光させる作用を持っていました。1898年にマリー・キュリー（1867〜1934）とピエール・キュリー（1859〜1906）は、ウランの他にトリウムとラジウムにも放射能があることを発見しました。放射能とは放射線を出す能力を意味します。また、ウランやラジウムのような放射能がある原子を、放射性原子と呼びます。

放射線には、α線、β線、γ線の3つの種類があることが、マリー・キュリーの1903年の博士論文に記されています。このうち、α線やβ線を出すと、他の原子核に化ける（変換する）ことがわかりました。放射性の原子核が、放射線を出して他の原子の原子核に変換する現象を原子核の崩壊とよびます。

原子核が変わるなどというのは魔法のようですが、20世紀初頭に明らかになった大きな発見でした。中世のヨーロッパでは、人工的に金を作る方法が盛んに研究され、錬金術と呼ばれていました。近代力学を築き上げたニュートンも錬金術を研究していました。結局、錬金術では金は作れなかったのですが、20世紀になって、原子核の変換が可能になったのです。

原子核の崩壊とはどのような現象なのか、その解明のために科学者たちは研究を急ぎました。放射性原子がα線

を出すと、元の原子は原子番号が2、質量数が4だけ小さくなります（これをα崩壊と呼びます）。前述のようにラザフォードの研究によって、α粒子はヘリウムの原子核であることがわかりました。ヘリウムの原子核は陽子2個と中性子2個とからできています。したがって、原子がα崩壊してα粒子を放出すると、原子番号が2減り、質量数が4減るのです。

原子がβ線を出すと、質量数は変わらないけれども、原子番号が1だけ増えることもわかりました。やがて、β線は電子そのものであることが明らかになりました。原子核中で1個の中性子が陽子に変わるときに電子が飛び出します。したがってβ崩壊すると、原子番号が1増えます。

γ線を出すときには、原子番号も質量数も変わりません。γ線は可視光やX線よりもはるかに波長の短い電磁波であることがわかりました。電磁波（光）なので電荷も質量も持ちません。このためにγ崩壊しても、原子の原子番号や質量数は変わらないのです。

■半減期

放射性原子は、時間 t とともに、崩壊して安定な原子に変わっていきます。つまり数が減ります。放射性原子の数が最初の半分に減るまでの時間を、半減期と呼びます。

放射線は、遺伝子を傷つけガンを発生させる恐れがあるので、放射性原子が身近にあると危険です。原子炉から出る放射性廃棄物を人間から隔離しないといけないのはこのためです。一方、炭素の同位元素 ^{14}C のような5730年程度

の半減期を持つ原子を利用すれば、どの程度元素が崩壊しているかで年代が測定できます。

例えば、生きている木は自然界から炭素をとりこみ、そして放出しています。したがって、生きている木に含まれている ^{14}C の割合は自然環境と同じ割合だと考えられます。ところが、切り倒されて材木に変わってしまった木は、もはや新陳代謝を行っていないので ^{14}C の割合は、その時点から崩壊をはじめて減り続けます。木に含まれる ^{14}C の割合から木が切り倒されたのが何千年前であるか推定できるというわけです。

原子の半減期を下にいくつか並べてみましたが、14日のような短いものからウラン238のように45億年というとても長いものまであります。

α 崩壊		β 崩壊	
$^{238}_{92}U$	4.5×10^9年	$^{14}_{6}C$	5.7×10^3年
$^{235}_{92}U$	7.5×10^8年	$^{60}_{27}Co$	5.3年
$^{226}_{88}Ra$	1.6×10^3年	$^{32}_{15}P$	14日

■核分裂の発見

ウランに中性子をぶつけると原子核が分裂することは、1938年に、ドイツのハーン（1879〜1968）とシュトラスマン（1902〜1980）、マイトナー（1878〜1968）によって発見されました。1932年に中性子が発見されると、イタリアのフェルミはいちばん重い元素のウランに中性子を当てる

と、中性子が原子核に吸収されてより重い新たな元素ができる可能性があると予測しました。しかし、その予測に合う実験結果は得られませんでした。

ハーンは、フェルミの実験では中性子によってウランの原子核の一部がはじき飛ばされてウランより少し軽い原子ができるのではないかと考えて、実験をしました。しかし、少し軽い元素ではなく、ウランの半分の重さのバリウムができていることを見つけたのです（写真2-9）。

ハーンの長年の共同研究者だった、オーストリア出身の女性科学者リーゼ・マイトナーは、ユダヤ系であるため、この時期にはスウェーデンへ亡命していました。マイトナーはハーンから送られてきた実験データの解析に取り掛かり、実験はウランの原子核がほぼ半分に割れる核分裂を示していると解釈しました（図2-14）。そして、核分裂の前後の質量の変化をアインシュタインが導いた関係式

写真2-9　英米マックス・プランク協会設立の際のハーン（左から2人目）

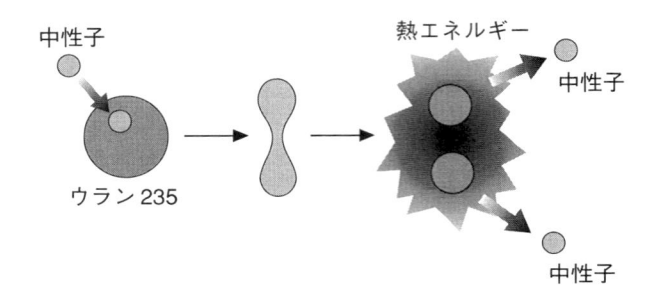

図2-14 核分裂のしくみ

$$E = mc^2$$

（エネルギー＝質量×光速の2乗）に入れてエネルギーを求めた結果、1回の核分裂で、化学反応とは桁違いに大きいエネルギーを放出することに気づいたのです。これが核分裂の発見でした。このアインシュタインの関係式は相対性理論から導かれるもので、質量の変化はエネルギーに相当するという有名な関係です。

この核分裂の発見の後、すぐに新しい現象の可能性がシラード（1898～1964）らによって指摘されました。それは、核分裂によって、新たに2、3個の中性子が発生しますが、この中性子が、周りのウランにぶつかると、また、そのウランが分裂して、エネルギーと中性子を発生させると考えられます。その中性子がまた、ウランにぶつかると……、この核分裂は連鎖的に続き、莫大なエネルギーを周りに放出するのではないかという可能性です。これを**連鎖反応**と呼びます。

第2部　原子の姿

■原子爆弾の開発

　1939年9月1日のドイツ軍のポーランド侵攻による第二次世界大戦の勃発は、原子核の内部を調べる研究が進んでいた時期と重なったため、敵対する2つの陣営の科学者たちに疑心暗鬼を生みました。ヒトラーの登場によってユダヤ系の人々の生存が脅かされた結果、アインシュタイン、ボーア、フェルミ、ボルン、シュテルン、マイトナー、シラードらが、外国に難を逃れました。一方、ドイツのレーナルトやシュタルクは、ユダヤ人の排斥に荷担しました。

　ハイゼンベルクは、ドイツにあってユダヤ系学者の擁護にまわったため、白いユダヤ人と呼ばれ圧力を受け、ゾンマーフェルトの後任のミュンヘン大学の教授ポストにつけませんでした。また、マックス・プランクの息子エルビンは1945年にヒトラー暗殺未遂事件に関与したとの嫌疑をかけられ処刑されています。シュレディンガーはファシズムを嫌って亡命しました。

　アメリカに亡命したシラードは連鎖反応がもし実現できるとすると、大きなエネルギー源となるだけでなく爆弾としても使える可能性にいち早く気づきました。また、ドイツがチェコスロバキアのウランを押さえたという情報に憂慮していました。そこで、シラードはアインシュタインを通じて、ルーズベルト大統領に連鎖反応の研究の推進を進言しました。ヨーロッパでの惨禍を目の当たりにして、ナチスが先に核分裂の連鎖反応を実現することを恐れたのです。しかし、当初ルーズベルト政権は核分裂の研究に積極的ではなく、第二次世界大戦へのアメリカの参戦を予期し

た1941年の春になって組織的な取り組みを始めました。原子爆弾を製造するためのマンハッタン計画が始動したのは、1942年の夏です。

核分裂の連鎖反応は、アメリカに亡命したフェルミ(1901〜1954)の指導の下に1942年12月2日にシカゴ大学の世界最初の実験用原子炉で実証されました。本書でたびたび名前の出てくるフェルミは、ローマ生まれです。ピサ大学を卒業した後、ドイツのゲッチンゲン大学のボルンの下に留学しました。23歳でフィレンツェ大学講師、26歳でローマ大学教授となり、理論と実験の両方で際だった能力を示しました。夫人がユダヤ系であったため、1938年のノーベル賞授賞式の後、妻子とともにアメリカに渡りました。

ウランにはいくつかの同位体がありますが、核分裂を起こすのはウラン235（^{235}U）です。核分裂で発生する中性子はスピードが速すぎると他のウラン235にぶつかる確率が高くありません。そこで、スピードをおとしてぶつかり易くしてやります。このために用いる物質を減速材と呼びます。シカゴ大に作られた原子炉は黒鉛を減速材に用いていました。現在の日本の原子炉では、減速材に水を用います。テレビのニュースで原子炉が出てくると水の入ったプールが出てきますが、あれが原子炉の中心部です（写真2-10）。プールの中で連鎖反応が起こります。

連鎖反応が持続する状態を**臨界**と言います。これが一瞬のうちに起こると核爆発になります。原子炉では、爆発的な連鎖が起こらないように、ウラン235の濃度は、2〜

写真2-10　原子炉の中心部

4％に低く抑えられています。また、連鎖反応を抑制するために、中性子を吸収する物質を用いた制御材を使います。連鎖反応を抑制しながら、熱エネルギーを取り出すのです。一方、原子爆弾ではウラン235は100％近くまで精製されます。

　ウラン鉱石からウラン235を取り出すためには、大多数のウラン238とごくわずかに含まれるウラン235を分離する必要があります。この分離には遠心分離機を使う方法とガスを使う方法があります。遠心分離機を使う方法では、ウラン235と238のわずかな質量の違いを利用します。この2つの混合物を遠心分離機に入れて高速で回転させると遠心力の働きにより外側にウラン238が、内側にウラン235が分離されます。質量の違いは、ほんのわずか（約1％）なので、効率よく分離するためには、かなり高速で回転する遠心分離機が必要です。ある国が原子爆弾を開発しているか

どうか疑われる場合、遠心分離機が注目されるのはこのためです。

シカゴ大学の原子炉はスタッグフィールドスタジアム（フットボールなどの多目的競技場）のスタンドの下のスカッシュのコートに作られました。フェルミ、コンプトン、シラードらが立ち会いました。午前から始まった実験では、カドミウムの制御棒を抜いていくにつれて核分裂は増大し午後3時53分に臨界に達し、フェルミが停止を命じるまで28分間続きました。国家安全保障委員会にコンプトンが電話をかけ、「イタリアの航海者は新世界に上陸した」と伝えました。「現地の人々の反応は」との委員会からの問いには、「とても友好的だ」とコンプトンは答えました。戦時下なので、暗号風の通信になったわけです。イタリアの航海者という表現は、言うまでもなくイタリア出身のフェルミをコロンブスにかけています。

臨界状態を制御しそこねると事故になります。初期の臨界事故は原子爆弾の開発中に起きました。当時開発中の原子爆弾の1つは、臨界を起こさない量のウラン235の固まりを2個用意し、この2個を近づけると臨界をこえるというものでした。本来、離れていないといけないウランの2つの固まりが滑って近づくという事故が発生しました。瞬く間に臨界が始まったのですが、一人の科学者が飛び込んで素手で2つの固まりを引き離しました。臨界は止まりましたが、この科学者は多量の放射線を浴びて、間もなく死亡しました。

旧ソ連では、1986年にチェルノブイリの原子力発電所の

原子炉で作業員が操作を誤り、臨界が制御できなくなりました。原子炉は暴走し前例のない大事故になりました。

日本の茨城県東海村のJCOで1999年に起きた被曝事故は、ウランの化合物を処理する際に規定以上の量のウラン235の化合物を入れたために核分裂の臨界が生じた事故です。連鎖反応によって大量の中性子が発生し、死亡者も出ました。JCOの事故では、作業に携わる人々が核分裂に関する十分な知識を持っていなかったようです。20世紀は「核の時代」とも呼ばれました。人類の生存に良い意味でも悪い意味でも核分裂は関わっています。しかし、実際に作業にあたる人々が十分な知識を持っていなかったというのは驚くべき事態です。今日、高校生や大学生が核分裂に関する基礎的な知識すら持っていないことが多いのは、大きな問題を含んでいます。

シカゴ大での連鎖反応の成功によって、マンハッタン計画は次の段階に進みました。原爆開発までの経緯は、ロベルト・ユンク著の『千の太陽よりも明るく』（菊盛英夫訳、筑摩書房）に詳しく述べられています。ニューメキシコ州のロス・アラモス研究所で開発された原子爆弾は、太平洋上のテニアン島を飛び立ったB29爆撃機によって広島に投下され多大な被害を与えました。今日、日本人観光客が多数訪れるサイパン島のすぐ隣がテニアン島で、風光明媚なビーチがあります。ロス・アラモスのすぐ隣には、スペイン人が入植した当時の面影を残すサンタ・フェと呼ばれる町があり、こちらも観光客を集めています。数年前の夏、筆者はこの2つの観光地を訪れる機会を持ちましたが、平

和の大切さを改めて感じさせられました。

　ハーンは核分裂の研究で、1944年に、ノーベル化学賞を受賞しました。マイトナーは選ばれなかったので、30年来の共同研究者であった二人の関係は微妙になったと言われています。しかし、後に原子番号109番の人工元素はマイトナーの栄誉をたたえて、マイトネリウムと名付けられました。ハーンは、ドイツの敗戦後、連合国によって1946年春までイギリスに抑留されました。抑留時に聞いた広島・長崎への原爆投下のニュースには大変な衝撃を受けたようです。戦後は、プランクに続いてマックス・プランク協会の総裁に就任し、以後1960年までドイツの科学の復興に努力するとともに、核兵器の使用に反対する科学者の運動に重要な役割を果たしました。広島と長崎の惨禍は、ハーン以外にも、アインシュタインや湯川秀樹などの科学者に大きな衝撃を与え、平和運動が展開されました。

　その後、アメリカとソ連の対立の下に核の競争はエスカレートしました。人類を何回も滅ぼせるほどの核兵器が実戦配備されました。ソ連の崩壊により、緊張は若干和らいだものの、残念ながら本質的な危機が去ったわけではありません。一方で、核エネルギーの平和利用では、原子力発電が活躍し、日本の電力の３割以上を支えています。原子力発電はすでに半世紀以上の歴史を持っていますが、今後も安全に稼働させるためには、人類は真摯で科学的な努力を続けていく必要があるでしょう。

4 エレクトロニクスと量子力学

■量子力学が実際に役立っている分野

　量子力学が実際に役立っている分野を、少しのぞいてみましょう。量子力学は、電子や原子の世界を描写する科学ですから、少し大げさに言うと、人間生活に関わるすべての応用分野で役に立っていると言えます。原子力の分野もそうですし、化学の世界もそうです。化学の分野では、コンピューターの発達により、分子や、結晶の状態も計算可能になっています。化合物や薬の開発にも量子力学に基づく計算が使われています。今も伸び続けているコンピューターの計算能力の向上がこれまで計算できなかった物質の計算を可能にしつつあります。

　また、現在ナノテクノロジーと呼ばれるナノメートル（nm）の大きさの領域の加工技術を人類が持ち始めたことにより、量子力学が大活躍しています。ナノメートルの大きさは電子が波としての性質を現し、量子力学の効果が現れ始めるからです。ここでは量子力学が活躍している例として、エレクトロニクス（電子工学）を見てみましょう。

　エレクトロニクスの身近な例としては、トランジスタと半導体レーザーがあげられます。まずトランジスタを見てみましょう。トランジスタの中でも高電子移動度トランジスタでは量子効果が関係しています。トランジスタはソース、ゲート、ドレインという3つの電極がついた半導体でできています。電子はソース（源）から流れ込み、ゲート

（門）のすぐ下を通り、ドレイン（排水管）から抜け出て行きます。

　このときゲートに外部から電圧をかけることにより、ゲートのすぐそばを流れる電流のオン・オフが制御できます。このゲートのすぐそばを流れる電流の道をチャンネルと呼びます。英語のchannelには、「水路」とか「海峡」という意味があります。

　高電子移動度トランジスタでは、このチャンネルの部分が量子化されています。ここまでに見た量子井戸とは違って、図のような形の特殊な井戸の**量子準位**を電子が流れています。量子準位は図2-15のようにV字形のところにできあがります。この図中では、電子は紙面に垂直に流れることになります。この量子準位を流れる電流は（特に温度が低い場合には）あまり大きな抵抗を受けずに、なめらかに流れることが知られています。このため、性能のよいトラ

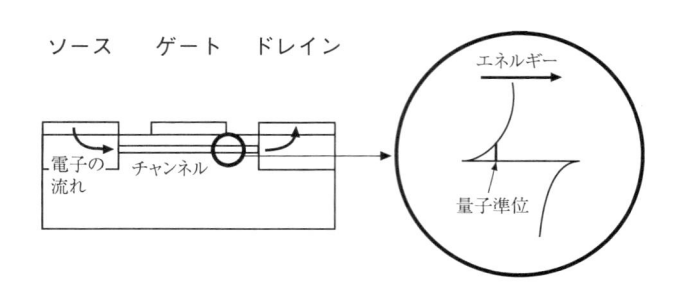

図2-15　高電子移動度トランジスタの構造

ンジスタが作れます。

　さらに、もう1つ特別な工夫もあります。ここに電子を流すためには、ドナーと呼ばれる電子を供給する別の原子を埋め込む必要があり、普通のトランジスタでは、このチャンネルの部分にもドナーが埋めこまれます。ドナーは、電子を放出するとプラスに帯電するので、チャンネルを流れる電子は、プラス電荷のドナーに引きつけられ、なめらかに流れることができません。高電子移動度トランジスタでは、このドナーをチャンネルとは別の場所に埋め込みます（図ではチャンネルの下側）。このため、チャンネルの中にドナーがないため、電子の流れはなめらかになります。高電子移動度トランジスタは、ノイズが少ないので、従来のトランジスタではひろえなかった微弱な信号を増幅できるという特徴を持ち、衛星放送のアンテナの中で増幅器として活躍しています。

　もう1つの例として、半導体レーザーがあります。半導体レーザーは、量子井戸の中に電子を流し込み、この量子井戸の中で発光を起こさせます。量子井戸を使った半導体レーザーはわずかの電流で光を出すので、乾電池でも十分光ります（実は、状態密度と呼ばれるものの形が変わるので、わずかな電流でも光るようになります。詳細はエレクトロニクスの専門書をご覧ください）。レーザーポインターがその一例で、ほかにCDプレーヤーやDVDプレーヤーの内部で記録された情報を読み出すのにも使われています。また、ふだん私たちは気がつきませんが、光通信の信号を送るために使われています。インターネットや携帯

電話の普及によって通信量が飛躍的に増えていますが、これを支えているのは、半導体レーザーと光ファイバーを使った都市内部や都市と都市や、国と国を結ぶ光通信のネットワークです。光通信は現在、各家庭と基地局をつなぐためにも導入されていて、ファイバー・トゥ・ザ・ホームと呼ばれています。

■スピントロニクス

　エレクトロニクスの分野では、これらに加えて新しい発展も始まっています。トランジスタなどの電子を使ったデバイスでは、電子の流れを制御することによって、増幅などの様々な非線形の効果を生み出します。電子には本書で記したようにスピンがありますが、トランジスタなどでは特にスピンを利用しているわけではありません。しかし、近年、電子のスピンを操ることによって新しい半導体デバイスを作れないかという研究が始まっています。例えば、スピンの向きをデジタル信号の1と0に対応させれば、スピンの向きを操作することによって信号の処理が可能な半導体デバイスが作れる可能性があります。

　半導体の中の電子のスピンをそろえる方法としては、磁場をかける方法の他に、円偏光（光の進行方向に対して振動面が円運動する光）の光を照射するという方法もあります。ただし、単に円偏光の光を照射するだけではダメで、特定のある準位からその上にあるエネルギー準位に電子を励起する波長を持つ円偏光を照射します。これが円偏光ではなく直線偏光（ある特定の方向だけに振動面をもつ光）

であれば、スピンの向きがバラバラの電子が励起されます。一方、円偏光は、回転している電場とみなせるので、この回転電場によって電子の周回運動が加速されます。この加速によって、スピン軌道相互作用が生じスピンを平行か反平行方向にそろえます。

半導体の中のスピンのふるまいは、1990年代になって精力的に調べられ始めました。これは、スピンを観測する手法が進歩したためです。図2-16は、1990年に筆者が提案した測定法によってインジウム・ヒ化ガリウムの量子井戸のスピンのふるまいを調べたものです。時間ゼロでスピンのそろった電子が生成されても、わずか2ps（ピコ秒　pは10^{-12}）後にはそろっているスピンは半分以下に減ってしまいます。このように超高速でスピンの向きがバラバラになってしまうために、これまで応用が難しかったのですが、逆にこの高速性を利用すれば非常に速いスピードで動作する高速デバイスを作れる可能性があり、世界の各地で研究が続けられています。

■量子コンピューティング

量子力学の応用として近年意欲的に研究されているものとして、「量子コンピューティング（量子計算）」があります。現在、インターネット上ではRSA暗号と呼ばれる通

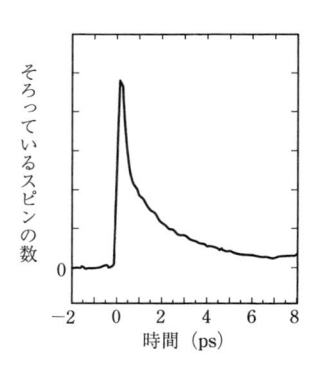

図2-16　インジウム・ヒ化ガリウムの量子井戸のスピン

信暗号が使われており、みなさんがクレジットカードの番号を送る際には、多くの場合RSA暗号として送られています。ただし、このRSA暗号は数学の素因数分解が高速にできれば破られてしまいます。今のところは高速に因数分解ができるプログラムは存在しませんが、理論的には、量子コンピューティングが実現できれば素因数分解が高速でできることがわかっています。

量子コンピューティングでは、「量子もつれあい（量子相関とか量子エンタングルメントとも呼ぶ）状態」と呼ばれる状態を作る必要があります。

例えば、量子井戸を2個並べて、基底準位に電子が1個だけある状態を $|0\rangle$ と書き、2番目の準位に電子が1個だけある状態を $|1\rangle$ と書くことにしましょう。$|0\rangle|1\rangle$ と書けば、左の井戸が $|0\rangle$ 状態で右の井戸が $|1\rangle$ 状態であることを表します。量子もつれあい状態の一例は

$$|0\rangle|1\rangle + |1\rangle|0\rangle$$

の状態です。第1項は、左の井戸が $|0\rangle$ で右が $|1\rangle$ であり、第2項は、左が $|1\rangle$ で右が $|0\rangle$ です。左が $|0\rangle$ であるか $|1\rangle$ であるかで、右が $|1\rangle$ か $|0\rangle$ のどちらであるかが自動的に決まっています。これがもつれあい状態です。足し算で表されているのは、量子力学では、この第1項と第2項が混じりあった状態を作り出せるからです。

この状態を実際に観測すると、第1項か第2項のどちらかの状態しか観測できませんが、何回も観測すると両者が同じ回数現れます。この量子もつれあい状態をうまく利用

すれば、量子計算ができるのです。実際には、量子井戸の他に原子核や電子スピンなどを使うアイデアが出ています。現在、世界中の研究者が量子コンピューティング実現を目指して、しのぎを削っています。

■量子力学の重要性

さて、量子力学の姿を概観したいという読者の方には、この第2部までで量子力学のおもしろさをかなり理解していただけたのではないでしょうか。量子力学は今、人類がナノテクノロジーを発展させるにつれて、ますます重要性を増しています。人間が生活している大きさの世界よりはるかに小さいので、直観的な理解が通じないパラドックスを含むのが量子力学の世界です。量子力学のいくつかの解説書では、しばしば、そのパラドックスを大きくとりあげることにより、読者の興味をひきだそうとします。しかし、量子力学の世界は、そのような無理な誘導をしなくても、エレクトロニクスや化学、原子力発電やその他様々な有用な存在として私たちのすぐ身の回りに存在するのです。身近で有益な存在であることがわかれば、量子力学への興味も自然と湧き起こることでしょう。

この有益な量子力学を実際に役立たせるためには、計算の能力が必要になります。第3部では、いよいよその計算をとりあげます。第1部・第2部同様、とても理解しやすく説明したので、さらに計算について知りたい読者や大学で量子力学の単位を必要とする読者は、ぜひ第3部に進んでください。

第 3 部

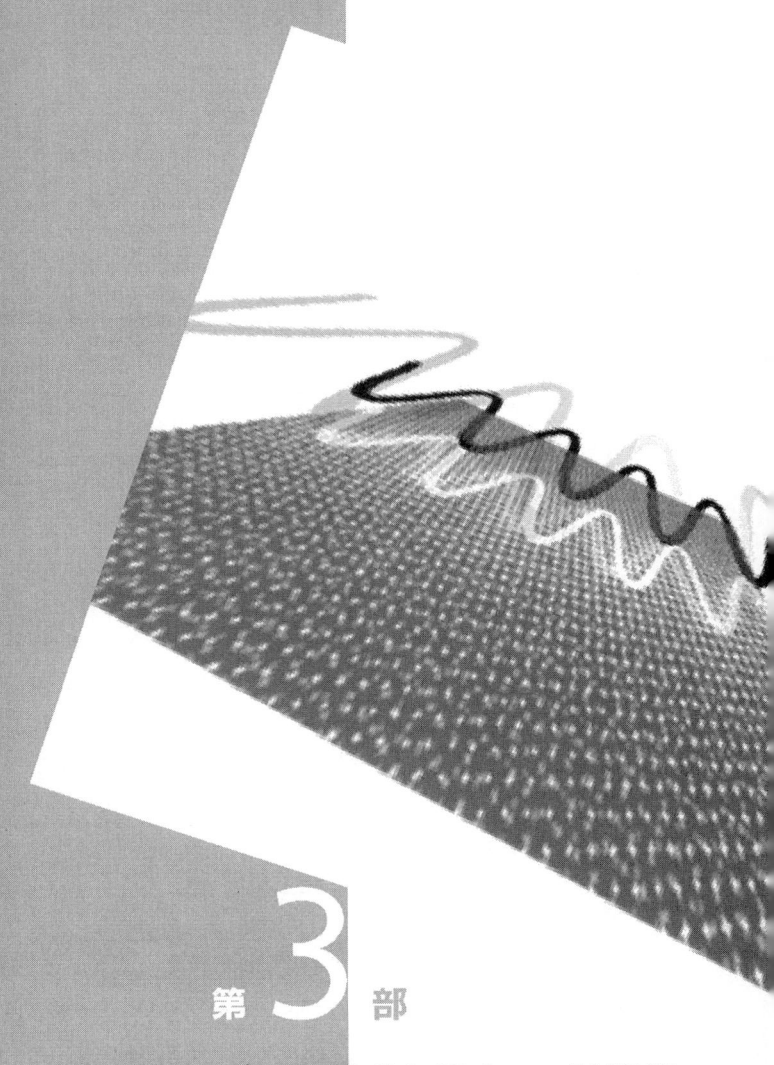

シュレディンガー方程式を解く──計算編

では、計算編の始まりです。第3部では、シュレディンガー方程式の解き方を見てみましょう。

　第1部の最後で無限に深い井戸の場合を見ましたが、このときは壁の中に電子波が進入しないので、「定在波である」という条件を使えば解の形を簡単に知ることができました。しかしたいていの場合は、シュレディンガー方程式を解かなければ解はわかりません。

　まず、シュレディンガー方程式をもう一度眺めてみましょう。

$$-\frac{\hbar^2}{2m}\frac{d^2}{dx^2}\Psi + V\Psi = E\Psi$$

「方程式を解く」と何が求まるのかを、確認しておきましょう。まず、このシュレディンガー方程式では、質量m、そしてポテンシャルVはわかっている必要があります。また、$\hbar$はもちろん定数です。ここで、未知なものは、波動関数ΨとエネルギーEです。この2つを求めることが「シュレディンガー方程式を解く」ことです。

シュレディンガー方程式に、
　　　$m, \ V(x)$
を入れて、

↓

$$-\frac{\hbar^2}{2m}\frac{d^2}{dx^2}\Psi(x) + V\Psi(x) = E\Psi(x)$$

第 3 部　シュレディンガー方程式を解く——計算編

↓

| 波動関数 $\Psi(x)$ と、エネルギー E を求めます。 |

　もっとも、式は 1 つしかないのに、求めるものが Ψ と E の 2 つもあります。中学の数学で学んだように、1 つの方程式から求められる未知数は 1 つだけです。例えば、

$$3x+2=8$$

という方程式があるとすると、未知数 x は求まって、$x=2$ であることがわかります。$x=2$ がこの式を満たす唯一の答えです。しかし、未知数が 2 つある

$$3x+2=y$$

という式からは、この式を満たす唯一の x と y の組み合わせは求められません。この式を満たす x と y の組み合わせはいくらでもあります。例えば、

$$x=1,\ y=5$$

の他に、$x=2,\ y=8$ や $x=3,\ y=11$ もこの式を満たします。したがって、シュレディンガー方程式の場合は、数学的にシュレディンガー方程式を満たす波動関数とエネルギーは、唯一の答えが求まるのではなく、いくつもの組み合わせがあることになります。

　実際には、シュレディンガー方程式には物理的な境界条件が付くので、答えの組み合わせはもっと限定されます。

境界とはその言葉どおり、ある領域とある領域の境目のことです。

　境界条件の一例として、第1部の最後の無限に深い井戸の場合を考えてみましょう。

　井戸の中と、障壁のある場所では、ポテンシャルVの大きさが変わってしまうので、この2つはそれぞれ別の領域です。波動関数もVが異なるそれぞれ別のシュレディンガー方程式を満たす必要があります。具体的には、障壁の中ではポテンシャルVが無限に大きいので、ここに電子は存在しない（すなわち波動関数は染み込めない）はずです。とすると境界条件は、「井戸の右端か左端で、電子の存在確率はゼロでなくてはならない」になります。この境界条件が付くために、第1部の最後で見たように波動関数は、井戸幅が半波長の整数倍のものに限られるのです。

　このように境界条件は、波動関数の性質を決めるとても重要なものです。シュレディンガー方程式を解くときには、「境界条件は何であるのか」を常に気をつけるようにしましょう。

1　解析的に解く

■**紙とペンを使った解き方**

　シュレディンガー方程式の解き方には、2通りあります。

　1つは紙とペンと数学の知識を使って解く方法で、「解

第3部 シュレディンガー方程式を解く——計算編

析的に解く」と言います。この場合、波動関数は数式として求まります。もう1つは、コンピューターを使って数値の形で答えを出す方法(「数値計算」)があります。数値計算の場合、波動関数は数値データで出てくるので、どのような数式で表されるのかわからない場合が少なくありません。ただし、グラフに描くことによって波動関数の形はわかります。

本書では、数値計算を主に説明しますが、解析的に解く方法にも少し触れておきましょう。

解析的に解く場合には、まず波動関数の形がどのような関数で表されるのか、見当をつける必要があります。例として、先ほどとは違って、井戸の深さが有限であってそこそこ深い(つまり、無限に深くはない)井戸形ポテンシャルを考えましょう。そこそこ深い井戸の場合、井戸の中の波動関数の形は井戸の深さが無限の場合とあまり変わらないと仮定して、サイン波で表すことにします。

次にポテンシャルの障壁の中ではどうでしょうか。井戸が無限に深くない場合、電子は少し壁の中に染み込めます。壁に染み込んだ波動関数は、コンクリートの壁に染み込む音波と同じように、指数関数 $e^{-\lambda x}$ で表されると仮定します。壁の中に奥深く入るに従って電子の存在確率は小さくなり、やがてほぼゼロになります。壁の奥深くで電子の存在確率がゼロになるというのは、境界条件の1つです。

したがって、波動関数としては、井戸の幅をLとしたとき数学的に書くと、井戸の中心を原点にとったx座標で

$-\dfrac{L}{2} \leq x \leq \dfrac{L}{2}$ の井戸の中の領域では、$\Psi = \sin kx$

$x \leq -\dfrac{L}{2}$ の領域では、$\Psi = e^{\lambda x}$ （ここでは λ は正の数）

$\dfrac{L}{2} \leq x$ の領域では、$\Psi = e^{-\lambda x}$ （ここでは λ は正の数）

を仮定するわけです。これらの波動関数を時間に依存しないシュレディンガー方程式に代入して、E を求めます（図3-1）。

このとき、2種類の波動関数は $x = \pm \dfrac{L}{2}$ の井戸と障壁の境界で、同じ値をとる必要があります。これは満たさなくてはならない境界条件の1つです。したがって、

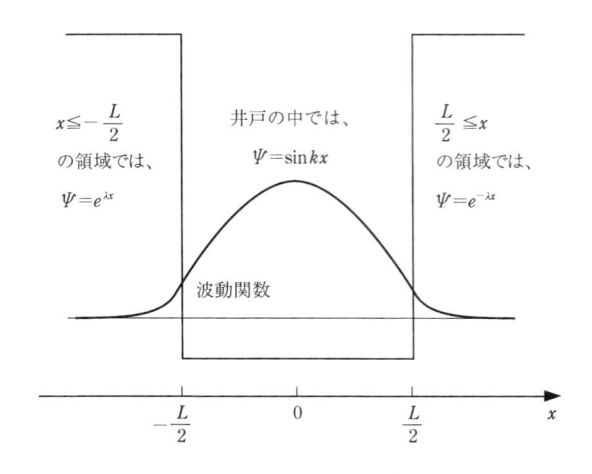

図3-1　有限の深さの井戸形ポテンシャル

第3部　シュレディンガー方程式を解く——計算編

$x=-\dfrac{L}{2}$ のところでは、（障壁）$e^{-\lambda\frac{L}{2}}=\sin\dfrac{-kL}{2}$（井戸）

$x=\dfrac{L}{2}$ のところでは、（井戸）$\sin\dfrac{kL}{2}=e^{-\lambda\frac{L}{2}}$（障壁）

という条件が付きます。また、波動関数がなめらかにつながる（すなわち、傾きが同じである）必要があるので、その1次微分の値も同じであることが要求されます（本書では、割愛しますが「確率の流れの密度」という概念から要請されます）。

　シュレディンガー方程式を解析的に解くとき、井戸形ポテンシャルの場合は井戸の中はサイン波で表し、障壁の中は指数関数で表すので比較的簡単なのですが、水素原子のようなものを考えると、関数もかなり難しくなります（前述のように、ルジャンドル関数などが使われます）。

　井戸形ポテンシャルは、量子力学の標準的な教科書や演習問題などによく現れます。このため量子力学を学ぶ大学生の多くが、演習のための仮想的なモデルと思っている場合が多いようです。しかし、この井戸形ポテンシャルは、現実に私たちの生活に大いに役立っています。第2部の最後で触れたように、半導体レーザーがその代表的な例です。この半導体レーザーの発光部分に量子井戸を使うと、効率的な発光が可能となり、わずかな電流でレーザーが光るという利点があります。

2　数値的に解く

■コンピューター（パソコン）を使って解く

次に、コンピューターを使って数値的に解く方法を説明しましょう。コンピューターは、単純に言うと、非常に高性能な電卓のようなものです。とにかく四則（＋、－、×、÷）の膨大な計算を瞬時にやってくれます。実は、コンピューターは積分や微分のような一見難しい計算を、すべて四則に置き換えて計算します。したがって、高度な数学の知識はあまり必要なくなります。

例えば、ある関数 $f(x)$ の微分は

$$\lim_{\Delta x \to 0} \frac{f(x+\Delta x) - f(x)}{\Delta x}$$

で表されますが、コンピューターを使った計算では、これを次の形のような差分という演算に置き換えます。

$$\frac{f(x+\Delta x) - f(x)}{\Delta x}$$

微分と差分の違いは、微分では Δx が限りなくゼロに近いのですが、差分では Δx は小さいにせよ、有限の値を持つということにあります。コンピューターでの差分の計算では、Δx として実際の数を使います。$f(x+\Delta x)$ や $f(x)$ も実際の数値を使います。関数の微分や積分では、いろいろな公式をたくさん覚えなくてはなりませんが、数

第3部 シュレディンガー方程式を解く——計算編

値計算ではそのような高度な知識を必要とせずに四則に置き換えてしまうのです。

この差分を使って、時間に依存しないシュレディンガー方程式を書き直してみましょう。

$$-\frac{\hbar^2}{2m}\frac{d^2}{dx^2}\Psi(x) + V(x)\,\Psi(x) = E\Psi(x) \quad (1)$$

まず予備的な作業として、2次の微分方程式であるシュレディンガー方程式を、2つの1次の微分方程式に直します。

$$f(x) \equiv \frac{d}{dx}\Psi(x) \quad (2)$$

と置くと(この式が1次の微分方程式の1つです)シュレディンガー方程式は

$$-\frac{\hbar^2}{2m}\frac{df(x)}{dx} + V(x)\,\Psi(x) = E\Psi(x) \quad (3)$$

となります(これが2つ目の1次の微分方程式の1つです)。この2つの1次の連立微分方程式を解くことが「シュレディンガー方程式を解く」ことを意味します。

これを差分を使って表すと、次の2つの差分方程式になります。まず、(2)式は

$$f(x) = \frac{\Psi(x+\Delta x) - \Psi(x)}{\Delta x} \quad (4)$$

159

となり（微分を差分に置き換えました）、(3) 式は、

$$-\frac{\hbar^2}{2m}\frac{f(x+\Delta x)-f(x)}{\Delta x}+V(x)\Psi(x)=E\Psi(x) \quad (5)$$

となります。この 2 つの式で、$\Psi(x+\Delta x)$ と $f(x+\Delta x)$ を左辺にまとめてみましょう。すると

$$\Psi(x+\Delta x)=f(x)\cdot\Delta x+\Psi(x) \quad (6)$$

$$f(x+\Delta x)=-\frac{2m}{\hbar^2}(E-V(x))\Psi(x)\cdot\Delta x+f(x) \quad (7)$$

となります。

この 2 つの式は、おもしろい特徴を持っています。右辺で使われているのは、ある場所 x の波動関数 $\Psi(x)$ とその微分 $f(x)$ であり、右辺にこれらの値を入れてやれば、左辺には、x から Δx 増えた場所での $\Psi(x+\Delta x)$ と $f(x+\Delta x)$ とが与えられます。つまり、ある場所の波動関数の値とその傾き（微分）を与えてやれば、そこから Δx ずれた点での波動関数とその傾きが、シュレディンガー方程式を満たしたうえで、与えられるのです。

例えば、量子井戸の基底状態のエネルギーを求める場合を考えてみましょう。障壁の高さが有限な場合（つまり無限でない場合）は、波動関数は壁に進入するにつれて急激に小さくなることがわかっています。そこで、波動関数がゼロになると考えられる十分深い壁の中を原点にとります。

例えば、幅10nmの量子井戸があるとして、その量子井

第3部 シュレディンガー方程式を解く——計算編

戸の左側から5nm左の壁の中の点を原点にとりましょう。ここでは $\Psi=0$ であり、$f=0.1$ であると仮定します。波動関数の傾き f が正の値をとっているのは、ここから波動関数の値が大きくなることを意味します。f はそこそこ小さい値であれば、0.1でも0.01でもかまいません。0.1をとるか0.01をとるかで求められる波動関数の値は異なりますが、グラフに書くと相似形をしています。この数値計算で求められる波動関数は規格化されていないので、得られた波動関数を規格化すると、結果は同じになります。

Δx は、差分を微分に近づけるためには数学的に限りなく小さい方が望ましいのですが、あまり小さいと計算に要する時間が長くなるし、計算上の誤差が大きくなります。井戸の幅の100分の1程度が適当ですが、ここではわかりやすくするために、井戸の幅の10分の1の1nmにしてみます。数値計算では原点（$x=0$）の値での f と Ψ を使って、その右側1nmの点（$x=1\mathrm{nm}$）での f と Ψ を求めます。次に1nmでの f と Ψ を使って、$x=2\mathrm{nm}$ の点での f と Ψ を求めます。これを繰り返します（図3-2）。

さて、先ほどの式の中で E は未知数です。そこで、E の値には、適当な値を使います。2つの式の計算を図の原点から始めて右端まで到達したとき、E の値が正しければ、右端でも波動関数はゼロになるはずです。右側のポテンシャルの壁の中で0に収束しない波動関数は、井戸の中に安定に存在している波動関数ではありません。その場合の E の値は間違っています。

この計算では、ある E の値を使って計算し右端の Ψ の値

井戸形ポテンシャル

波動関数の
計算を左端から
始めます。

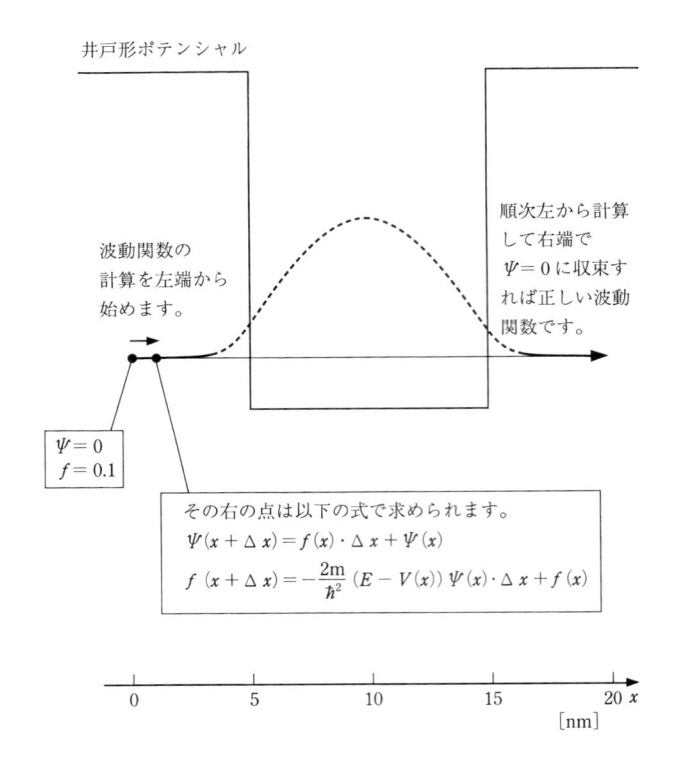

順次左から計算
して右端で
$\Psi = 0$に収束す
れば正しい波動
関数です。

$\Psi = 0$
$f = 0.1$

その右の点は以下の式で求められます。
$\Psi(x + \Delta x) = f(x) \cdot \Delta x + \Psi(x)$
$f(x + \Delta x) = -\dfrac{2m}{\hbar^2}(E - V(x))\Psi(x) \cdot \Delta x + f(x)$

0　　　5　　　10　　　15　　　20 x
　　　　　　　　　　　　　　　　[nm]

図3-2　差分による計算法：シューティングメソッド

を求めます。Ψが右端でゼロにならなければ、Eの値を変えて再度計算を行います。これを適当なEが見つかるまで何度も何度も繰り返します。

実際の計算では右端での波動関数の値が「完全にゼロ」になるようにEを求めるのは、長い時間がかかります。そ

こで、ある程度の誤差 ΔE（例えば$0.001E$ぐらい）の範囲に収まった時点で計算をやめます。誤差の大きさは、その計算結果を何かに利用するのに必要な精度で決まります。この数値計算は、あたかも左端でEという弾を込めて、右端の $\Psi=0$ という的を狙うのに似ていることから、シューティングメソッド（射的法）と呼ばれます。

■数値計算の実際

さてこの数値計算にトライしましょう。まず、具体的に計算するために

$$\frac{\hbar^2}{2m}$$

に数値を入れてみます。

科学を実際に応用する際に重要なのは、この実際の数値を入れる作業です。筆者の研究室の学生にこの種の計算をやってもらうと、最初はかなり高い確率で間違えます。その度に「計算で仮に1桁間違えると、そもそも工業製品は開発できないし、もし、間違ったまま製品化できたとしても、後で社会に被害を及ぼす可能性が大きい」と注意しなければなりません。

さて計算ですが、

$$\hbar=1.055\times10^{-34}\,\text{J·s} \text{ であり、}$$

電子の質量は $m=9.109\times10^{-31}\text{kg}$ なので、

$$\frac{\hbar^2}{2m} = 6.109 \times 10^{-39} \text{ J·m}^2 \text{ になります。}$$

　量子力学では、エネルギーをJ（ジュール）ではなく、eV（電子ボルト）で測るのが普通です。1電子ボルトのエネルギーは、電子の電気素量に1Vをかけた値なので$1\text{eV} = 1.602 \times 10^{-19}\text{J}$です。したがって、

$$\frac{\hbar^2}{2m} = 6.109 \times 10^{-39} \text{ J·m}^2$$
$$= 38.14 \text{ meV·nm}^2$$

になります。

　途中の計算では、$\text{J} = \text{kg·m}^2/\text{s}^2$ や $1\text{nm} = 10^{-9}\text{m}$ などの関係を用いました。距離の単位はmからnm（ナノメートル）に変えました。したがって、次の2つの式を計算すればよいことになります。

$$\Psi(x + \Delta x) = f(x) \cdot \Delta x + \Psi(x) \quad (8)$$
$$f(x + \Delta x) = -\frac{1}{38.14}(E - V(x))\Psi(x) \cdot \Delta x + f(x) \quad (9)$$

　エクセルなどの表計算ソフトを持っている読者は多いと思われるので、これを使った解き方を説明します。以下のエクセルファイルはブルーバックスのホームページにある
【ブルーバックスシリーズのサポートページ】
http://bluebacks.kodansha.co.jp/books/9784062574709/appendix/

からダウンロードできます(なお、余談ですがCDを本に添付するという案も検討しましたが、その場合数百円単価が上がるという試算結果が出ました。そこで読者のご負担を減らすという意味でダウンロードという方法を選びました)。ブルーバックスのホームページ内の「第一準位」と書かれているファイルをダウンロードして開いてください。(図3-3 エクセルファイルをダウンロードできる環境にない方は、少し面倒ですが打ち込んでいただく必要があります)

このファイルの各列に書かれているものは、

A列:x座標
B列:ポテンシャルエネルギー $V(x)$
C列:電子のエネルギー $E(x)$
D列:波動関数 $\Psi(x)$
E列:波動関数の傾き $f(x)$

です。B列のポテンシャルエネルギーは、障壁では50 meVであり、井戸ではゼロになっています。「ポテンシャルエネルギーと電子のエネルギー」と書かれたグラフ(図3-4)がポテンシャルエネルギーの形を表しています。井戸幅は10nmです。この図の「系列2」はポテンシャルエネルギーを表し、「系列1」は電子のエネルギーを表します。(エクセルファイルをダウンロードできる環境にない方は少し面倒ですがA列とB列の数字を2行から22行まで打ち込んでください)

	A	B	C	D	E
1	x (nm)	V (meV)	E (meV)	$\Psi(x)$	$f(x)$
2	0	50	2.83	0	0.1
3	1	50	2.83	0.1	0.1
4	2	50	2.83	0.2	0.223676
5	3	50	2.83	0.423676	0.471028
6	4	50	2.83	0.894704	0.995013
7	5	50	2.83	1.889717	2.101546
8	6	0	2.83	3.991263	1.961329
9	7	0	2.83	5.952591	1.665176
10	8	0	2.83	7.617767	1.223491
11	9	0	2.83	8.841258	0.658251
12	10	0	2.83	9.499509	0.002227
13	11	0	2.83	9.501736	−0.70264
14	12	0	2.83	8.799096	−1.40767
15	13	0	2.83	7.391424	−2.06057
16	14	0	2.83	5.330856	−2.60901
17	15	0	2.83	2.721843	−3.00456
18	16	50	2.83	−0.28272	0.3617
19	17	50	2.83	0.078979	0.012042
20	18	50	2.83	0.09102	0.109719
21	19	50	2.83	0.200739	0.222289
22	20	50	2.83	0.423029	0.470556

図3-3 「第一準位」

このエクセルファイルでは、電子のエネルギーのC列の2番目の行（C2の欄）に数値を入れると、井戸幅10nmで深さ50 meVの量子井戸内の波動関数が計算されます。2行目を見ると $x=0$nm で波動関数 $\Psi=0$ であり、$f=0.1$ と置かれていることがわかります。この2行目の値を先ほどの2つの式の右辺に入れて計算し、その結果が、D

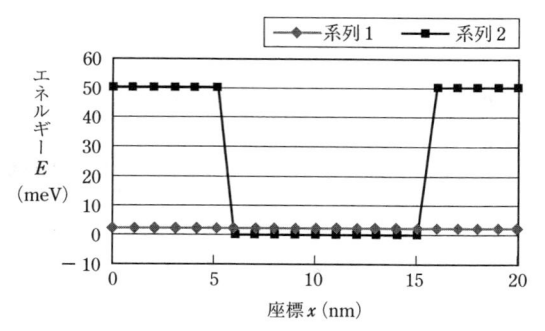

第3部　シュレディンガー方程式を解く──計算編

図3-4　ポテンシャルエネルギーと電子のエネルギー

この図の「系列2」はポテンシャルエネルギーを表し、「系列1」は電子のエネルギーを表します

列とE列の次の行に出るようになっています。

（エクセルファイルをダウンロードできる環境にない方は、C2欄に2.83を入力し、C3欄に

$$=C2$$

を入力してください。次に、C3欄を左クリックして、そのままC3欄からC22欄まで囲みます。そして上部のタブの〔編集〕→〔フィル〕→〔下方向コピー〕を選びます）

D3の欄をクリックしてみてください。上の入力欄にD3に埋め込まれている数式が現れます（図3-5）。

この数式の意味は、

$$D3 = E2 \times (A3 - A2) + D2 \quad (10)$$

	D3	▼	f_x	=E2*(A3-A2)+D2	
	A	B	C	D	E
1	x (nm)	V (meV)	E (meV)	$\Psi(x)$	$f(x)$
2	0	50	2.83	0	0.1
3	1	50	2.83	0.1	0.1
4	2	50	2.83	0.2	0.223676

図3-5

ですが、これは (8) 式に対応しています。2行目の Ψ (=D2) と f (=E2) の値を使って3行目の Ψ (=D3) を求めています。

(エクセルファイルをダウンロードできる環境にない方は D2欄に0を入力し、D3欄に

$$=E2*(A3-A2)+D2$$

を入力してください。次に、D3欄を左クリックしてそのまま、D3欄からD22欄まで囲みます。タブの〔編集〕→〔フィル〕→〔下方向コピー〕を選びます)

E3欄もクリックしてみましょう（図3-6）。

上の入力欄にE3に埋め込まれている数式が現れます。この数式の意味は、

$$E3 = (B3-C3) \times D2 \times (A3-A2)/38.14 + E2 \quad (11)$$

ですが、これは (9) 式に対応しています。2行目の Ψ

第3部　シュレディンガー方程式を解く——計算編

	E3		f_x	=(B3−C3)*D2*(A3−A2)/38.14+E2	
	A	B	C	D	E
1	x (nm)	V (meV)	E (meV)	$\Psi(x)$	$f(x)$
2	0	50	2.83	0	0.1
3	1	50	2.83	0.1	0.1
4	2	50	2.83	0.2	0.223676

図3-6

（=D2）と f（=E2）の値を使って3行目の f(=E3) を求めています。D4やE4をクリックしていただくと、同様に次の行に計算結果が出るようになっていることがおわかりいただけると思います。

（エクセルファイルをダウンロードできる環境にない方はE2欄に0.1を入力し、E3欄に

$$=(B3-C3)*D2*(A3-A2)/38.14+E2$$

を入力してください。次に、E3欄を左クリックしてそのまま、E3欄からE22欄まで囲みます。タブの〔編集〕→〔フィル〕→〔下方向コピー〕を選びます。これで表は完成です。波動関数をグラフ化する最も簡単な方法はD2欄からD22欄まで左クリックして囲み、〔挿入〕→〔グラフ〕→〔折れ線〕→〔完了〕です）

　C2欄に電子のエネルギーを入力すると、上の行から下の行に順次計算が進行するしくみになっています。もっと

も、パソコン上の計算は極めて高速なので、計算結果は一瞬で書き換えられます。上の行から下の行に向かってパラパラと計算が進んでいくのを見られるわけではありません。

さてC2欄に入っているエネルギーは2.83meVで、この場合は波動関数は右端で収束してほぼゼロに近い値になっています。x軸の右端はD22の欄ですが、0.423029です。波動関数が最も大きくなる量子井戸の中心（D13）での値（9.501736）の約20分の1です。

ためしに、電子のエネルギー（C2）の値を少しずらして2.82meVか2.84meVにすると波動関数が右端で収束しなくなるのがわかります。この場合はエネルギーの値が間違っているということになります。エネルギーの値をいくつか変えてみると、シューティングメソッドの雰囲気がつかめると思います。

波動関数の形は、図3-7のようにほぼ左右対称で山は1つです。これは基底状態の解です。左右が完全な対称でないのは、計算の精度が粗いためで、x座標を1nmごとに計算していることに原因があります。左右非対称という点で、波動関数は不完全ですが、シュレディンガー方程式が表計算ソフト（エクセル）で解けるというのは、とてもおもしろい体験だと思います。

次に、もっと精度を上げた計算を見てみましょう。
x軸は0.1nmごとに計算します。「第一準位_高精度」というファイルを開いてください。このファイルではx座標

第3部 シュレディンガー方程式を解く——計算編

波動関数

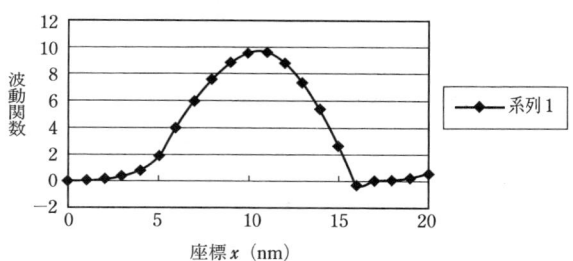

$E = 2.83$ meV の場合（右端でほぼ収束する）

波動関数

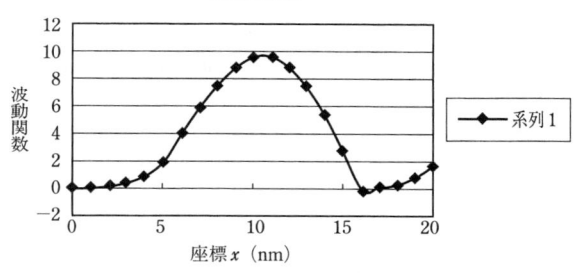

$E = 2.82$ meV の場合（右端で収束しなくなる）

図3-7　入力する電子のエネルギー値で収束がかわる

$x > 20$nm の計算を続けると、波動関数はどんどん大きくなり発散することがわかります

を0.1nmごとに計算しています。次の図3-8のように、井戸の真ん中を中心にして線対称な波動関数が得られます。このような左右対称の関数を、**偶関数**と呼びます。

電子のエネルギーも先ほどの計算とは少し異なる2.7216 meVです。この波動関数は、座標5nmから15nmの井戸の範囲ではサイン波に似ています。また、座標0nmから5nm

171

波動関数

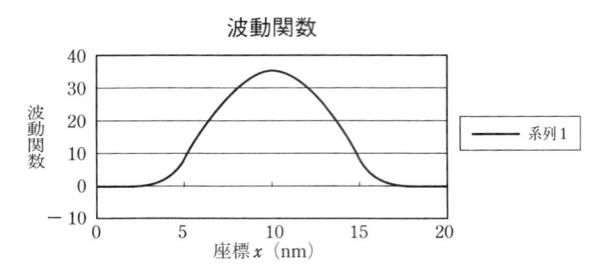

```
40
30
20
10
 0
-10
   0    5    10    15    20
        座標 x (nm)
```
― 系列1

図3-8 基底準位の波動関数：偶関数

と、15nmから20nmの障壁の中では指数関数に似ています。これらは解析的に解く場合に仮定した波動関数の形に対応しています。

次に第二準位の波動関数がどのような形であるのか見てみましょう。「第二準位」と書かれたファイルが第二準位の波動関数を求めた結果です。C2欄の電子のエネルギーに10.8meVを入れると、次の図3-9のような第二準位の波動関数が得られます。第二準位の波動関数は井戸の真ん中を中心にして点対称です。このように点対称の関数を**奇関数**と呼びます。奇関数の特徴は、右と左で正負が反対であることです。この波動関数も井戸の中はサイン波に対応し、障壁の中では指数関数に対応しています。先ほどの基底状態の波動関数とこの波動関数も、ともに障壁が無限に高い場合の波動関数（図1-15）と基本的にはよく似た形をしています。

障壁が無限に高い場合は、第二準位のエネルギーは基底状態のエネルギーの4倍でした。この計算では、第二準位が10.8meVで基底状態が2.7216meVですから、これもほ

第3部　シュレディンガー方程式を解く——計算編

波動関数

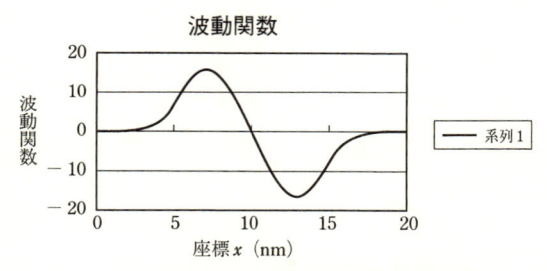

図3-9　第二準位の波動関数：奇関数

ぼ4倍です。とすると第三準位のエネルギーの場所も予想できます。障壁が無限に高い場合は、第三準位のエネルギーは基底状態のエネルギーの9倍でした。したがって、2.7216meVを9倍したエネルギーのあたりに第三準位があることになります。「第三準位_高精度」と書かれたファイルを開けると、波動関数の形が見られます。

3　外からの影響がある場合

■外場がかかった場合

　これでシュレディンガー方程式の数値計算による解き方がおわかりいただけたと思います。次に今考えている系に外から電場や磁場がかかった場合を考えることにしましょう。外からかかる電場や磁場のことを外場（がいば）と呼びます。人間が電子に何かの影響を加えようとすると、外から電場や磁場を加える必要があります。電場や磁場と電子が持つ電荷との間に働く相互作用を利用するわけです。

現在、人間が操作できる大きさはどんどん小さくなり、ナノテクノロジーの研究が続けられています。先ほどの量子井戸の井戸幅が10nmであったように、このサイズは電子の波動関数とほぼ同じ程度の大きさの領域になります。波動関数の形をかなり自由に制御できる技術が発展しつつあるのです。ここでは量子井戸に電場がかかった場合を考えてみましょう。

■**量子井戸に電場がかかった場合**
　ここではまず数値計算で解いてみましょう。
　量子井戸に電場がかかった場合は、ポテンシャルが傾きます。この傾いた方向に電子は流れようとします。1nmあたり1meV傾いた場合を考えてみましょう。数値計算では、先ほどと同じようにエクセルで解いてみます。「シュタルク効果」と書かれたエクセルファイルを開いてみてください。
　まず、ポテンシャルの形は、図3-10上のように傾いています。B列のポテンシャルの項は、座標0nmで40meVですが、20nmでは60meVです。ここではエネルギーの原点を量子井戸の中心（座標 $x=10$nm）にとっています。C2欄のエネルギーの値を変えながら、波動関数が右端で0に収束するものを探します。すると、エネルギー $E=2.1231$meV のときに、右端でほぼ波動関数はゼロになることがわかります。基底状態のエネルギー $E=2.7216$meV と比べると、電場がないときよりエネルギーが0.6meV小さくなっています。

第3部 シュレディンガー方程式を解く——計算編

このように、電場がかかると量子準位のエネルギーが変わります。この電場によって波動関数の形やエネルギーが変わる現象を、**シュタルク効果**と呼びます。波動関数の形（図3-10下）を見てみると、もはや左右対称ではありません。左側のポテンシャルエネルギーの低い方の波動関数の存在確率が右側より大きくなっています。これは、重力に引かれて、低いところに水が集まるのと同じです。ポテン

ポテンシャルとエネルギー

波動関数

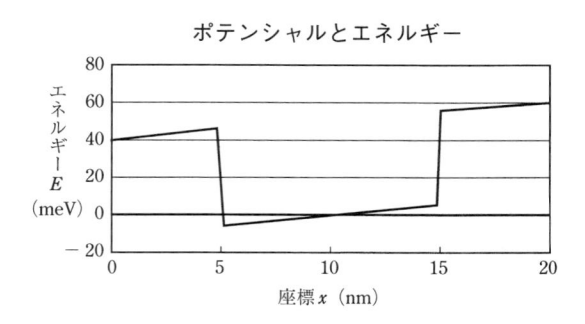

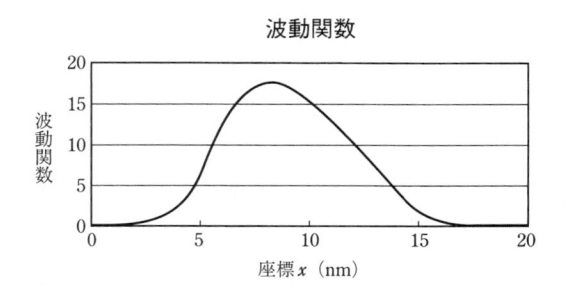

図3-10 外場として電場がかかった場合

シャルエネルギーの低い方に電子が集まるので、エネルギーが低くなるのです。

この波動関数の形を数学的に関数で表せるかというと、ことは簡単ではありません。数値計算の特徴はこのように数学の知識をあまり必要とせずに、厳密な答えが得られる点にあります。

■**定常状態での摂動論**

次に、外場がかかった場合に解析的に解く方法を見てみましょう。

シュレディンガー方程式を解析的に解く方法の1つに、**摂動論**という方法があります。ただし摂動論では、1つ制約があり、外場の大きさはそこそこ小さくなくてはなりません。摂動というのは難しい言葉ですが、主要な力に対して、「付加的な小さな力の作用」という意味です。外場の大きさが小さいときは、波動関数の形は、外場がないときとはあまり大きく変わらず、エネルギーも元の値からはあまり大きくは変わりません。大まかには、「エネルギーが元のエネルギーの値の1割以下しか変化しない場合だけ摂動論が使える」と考えてよいでしょう。

逆に外場の影響が大きいときには、摂動論ではなくシュレディンガー方程式をまじめに（厳密に）解く必要があります。シュレディンガー方程式を厳密に解くのは昔は難しかったのですが、先ほどの数値計算の例で見たように現在ではコンピューターの出現によってかなり簡単に解けるようになっています。

摂動のないときのハミルトニアンを $\hat{H}$ とし、摂動によって新たに加わるハミルトニアンを $\Delta\hat{H}$ とします。ここで $\Delta\hat{H}$ が時間に依存しない場合を考えましょう。時間に依存しないというのは、外から静的な（時間的に変動しない）電場や磁場がかかっている場合を意味します。すると、新しいハミルトニアン $\hat{H}'$ は

$$\hat{H}' = \hat{H} + \Delta\hat{H} \qquad (12)$$

と書けます。

摂動がない場合（無摂動系と呼びます）のシュレディンガー方程式のエネルギーと波動関数を E_n, Ψ_n で表すことにします。このとき

$$\hat{H}\Psi_n = E_n\Psi_n \qquad (13)$$

が成り立っていて、E_n, Ψ_n はすでにわかっている（解けている）場合を考えましょう（この波動関数は規格化条件と直交条件を満たしています）。これに摂動項 $\Delta\hat{H}$ が加わると、解くべきシュレディンガー方程式は

$$(\hat{H} + \Delta\hat{H})\Psi' = E'\Psi' \qquad (14)$$

になります。このエネルギー E'、波動関数 Ψ' を求めるのが目的です。

求められる計算の結果を、ここで予測しておきましょう。$\Delta\hat{H}$ は、$\hat{H}$ よりかなり小さい作用しか及ぼさないので（大きくても10分の1以下）、エネルギー E' は、無摂動系のエネルギー E_n から少し（10分の1以下の程度）ずれるで

しょう。そのずれを今 ΔE と書きましょう。波動関数の形も Ψ から少しずれるでしょう。それを $\Delta \Psi$ と書くことにします。したがって、E' と Ψ' は次のように書けます。

$$E' = E_n + \Delta E \qquad (15)$$
$$\Psi' = \Psi_n + \Delta \Psi \qquad (16)$$

(15) 式と (16) 式を (14) 式に代入すると

$$(\hat{H} + \Delta \hat{H})(\Psi_n + \Delta \Psi) = (E_n + \Delta E)(\Psi_n + \Delta \Psi) \qquad (17)$$

となります。

両辺の括弧を外すと、

$$\hat{H}\Psi_n + \hat{H}\Delta\Psi + \Delta\hat{H}\Psi_n + \Delta\hat{H}\Delta\Psi$$
$$= E_n\Psi_n + E_n\Delta\Psi + \Delta E\Psi_n + \Delta E\Delta\Psi$$

となります。さて、ここで左辺と右辺の各項を Δ が何個ついているかで分類してみましょう。

	左辺	右辺	
Δ が 0 個の項：	$\hat{H}\Psi_n$	$E_n\Psi_n$	(18)
Δ が 1 個の項：	$\hat{H}\Delta\Psi + \Delta\hat{H}\Psi_n$	$E_n\Delta\Psi + \Delta E\Psi_n$	(19)
Δ が 2 個の項：	$\Delta\hat{H}\Delta\Psi$	$\Delta E\Delta\Psi$	(20)

 Δ が付いた項は、エネルギーにおいても波動関数の大きさにおいても元のものの10分の1以下の大きさです。したがって、Δ が1個存在する項の大きさは、そうでない項の10分の1以下であり、Δ が2個存在する項は、そうでない項の100分の1以下の大きさであると予想できます。10分

の1以下の項は10個以上集まらないと1より大きくなりませんから、(18)(19)(20)の左辺の項と右辺の項はそれぞれ等しくなければならないことになります。なお、Δが2個以上ある項は100分の1以下の大きさなのでここでは無視することにしましょう。(Δが2個ある項まで含む場合は**二次摂動**と呼びます)

もともと(18)の左辺と右辺は(13)式によって等しいので、新しく満たされなければならない式は(19)の右辺の項と左辺の項が等しいという

$$\hat{H}\Delta\Psi + \Delta\hat{H}\Psi_n = E_n\Delta\Psi + \Delta E\Psi_n \qquad (19)'$$

です。

ここで摂動によって生まれる波動関数の変化$\Delta\Psi$は元の波動関数Ψ_nの足し算で表されると仮定します。具体的な例をあげると、量子井戸の基底状態の波動関数がΨ_1で、2番目の状態がΨ_2です。

$$\begin{aligned}\Delta\Psi &= a_1\Psi_1 + a_2\Psi_2 + \cdots \\ &= \sum_m a_m\Psi_m\end{aligned} \qquad (21)$$

ここで、a_mは未知の係数で、(21)式を(19)′式に代入して求めます。代入すると

$$\sum_m a_m\hat{H}\Psi_m + \Delta\hat{H}\Psi_n = E_n\sum_m a_m\Psi_m + \Delta E\Psi_n \qquad (22)$$

となります。$\hat{H}\Psi_n = E_n\Psi_n$の関係を用いると、(22)式は

$$\sum_m a_m E_m\Psi_m + \Delta\hat{H}\Psi_n = E_n\sum_m a_m\Psi_m + \Delta E\Psi_n$$

となります。整理すると

$$\sum_m (E_n - E_m) a_m \Psi_m + \Delta E \Psi_n = \Delta \hat{H} \Psi_n \qquad (23)$$

となります。(23) 式の各項に左から Ψ_k^* をかけて x 座標で積分すると、

$$\sum_m (E_n - E_m) a_m \int \Psi_k^* \Psi_m dx + \Delta E \int \Psi_k^* \Psi_n dx = \int \Psi_k^* \Delta \hat{H} \Psi_n dx$$

となります。波動関数 Ψ_k は規格化条件と直交条件を満たしているので

$$\int \Psi_k^* \Psi_n dx = 1 \quad k = n \text{ の場合} \qquad (規格化条件)$$

$$\int \Psi_k^* \Psi_n dx = 0 \quad k \neq n \text{ の場合} \qquad (直交条件)$$

の関係を用いると、左辺のいちばん左の項では $\sum$ の和の中では $m = k$ の項だけ残るので

$$(E_n - E_k) a_k + \Delta E \delta_{kn} = \int \Psi_k^* \Delta \hat{H} \Psi_n dx \qquad (24)$$

となります。δ_{kn} はクロネッカーのデルタと呼ばれ、

$$\delta_{kn} = 1 \quad k = n \text{ の場合}$$
$$\delta_{kn} = 0 \quad k \neq n \text{ の場合}$$

を表します。

(24) 式で $k = n$ とおけば、ΔE が

$$\Delta E = \int \Psi_n^* \Delta \hat{H} \Psi_n dx \qquad (25)$$

と求められ、(24) 式で $k \neq n$ とすると

第3部 シュレディンガー方程式を解く——計算編

$$a_k = \frac{\int \Psi_k^* \Delta \hat{H} \Psi_n dx}{E_n - E_k} \quad (k \neq n) \quad (26)$$

が得られます。a_n は（24）式からは決まらないのですが、これは波動関数 Ψ の規格化の条件

$$\int \Psi^* \Psi dx = 1$$

から決まり、a_n は 0 にできます（証明は割愛します）。

（25）式と（26）式は無摂動の場合のエネルギー E や波動関数 Ψ の10分の1程度以下の変化を求める式で、これらを**一次摂動**と呼びます。結局、一次摂動の結果、（25）式と（26）式をそれぞれ（15）式と（16）式に代入すれば、エネルギーと波動関数は次のようになります。

$$E' = E_n + \int \Psi_n^* \Delta \hat{H} \Psi_n dx \quad (27)$$

$$\Psi' = \Psi_n + \sum_k{}' \frac{\int \Psi_k^* \Delta \hat{H} \Psi_n dx}{E_n - E_k} \Psi_k$$

$$(\sum_k{}' \text{は } k \neq n \text{ についての和}) \quad (28)$$

摂動項 $\Delta \hat{H}$ がなければエネルギーが E_n、波動関数が Ψ_n である状態が、摂動項 $\Delta \hat{H}$ のために、そのエネルギーは E_n から

$$\int \Psi_n^* \Delta \hat{H} \Psi_n dx \quad (29)$$

だけずれ、波動関数は他の状態 k $(k \neq n)$ の波動関数 Ψ_k が

$$\frac{\int \Psi_k^* \Delta \hat{H} \Psi_n dx}{E_n - E_k} \quad (30)$$

の重みで混ざって変形をうけることになります。Ψ_n への他の状態の混ざり方は無摂動状態でのエネルギー差 $|E_n - E_k|$ が小さいほど（すなわち、エネルギー的に近い準位ほど）(30) 式の分母が小さくなるので、より大きな割合で混ざることに注意しましょう。

この (27) 式と (28) 式は大学の学部レベルの量子力学のテストをパスするためには、覚えておかないといけない式です。この摂動論の式を追うのは最初は少し大変ですが、何回か読み直すとだんだんわかってくると思います。

■シュタルク効果の場合

この摂動論を使ってシュタルク効果を考えてみましょう。

シュタルク効果の場合は電界の強さを F すると

$$\Delta \hat{H} = qFx \quad (31)$$

と書けます。x は井戸の中心を原点にとった座標で、q は電子の電荷を表します。この項によってポテンシャルが井戸の右側ではプラス側に、左側ではマイナス側に傾きます。先ほどの図で量子井戸のポテンシャルが傾いていたのはこの項のせいです。ここでの電界は空間的に一様な電界（すなわちポテンシャルの傾きが一定な電界）を考えています。

第3部　シュレディンガー方程式を解く──計算編

一次摂動によるエネルギーの変化 ΔE を計算すると

$$\Delta E = \int \Psi_n^* \Delta \hat{H} \Psi_n dx$$

$$= \int \Psi_n^* eFx \Psi_n dx$$

$$= eF \int \Psi_n^* x \Psi_n dx$$

$$= eF \int |\Psi_n|^2 x dx \qquad (32)$$

となります。無摂動の波動関数の絶対値の2乗 $|\Psi_n|^2$ は常にプラスで左右対称であるのに対して、x は井戸の中心より右側でプラス、左側でマイナスの奇関数なので、この積分はゼロになります。したがって、シュタルク効果は一次の摂動では現れないことになります。

波動関数が奇関数であるか偶関数であるかという性質を**パリティ**（＝偶奇性）と呼びますが、このように波動関数のパリティは重要です。

ここで説明した摂動論は Δ を1個しか含まない一次摂動でした。Δ が2個ある項まで含む二次摂動を計算するとシュタルク効果が現れます。先ほどの数値計算ではシュタルク効果が明瞭に現れていましたが、これはかけていた電界が大きかったからです。先ほどの数値計算の例では、エネルギーの変化も0.6meVと大きく元のエネルギーから20%以上変化しています。波動関数の形もかなり変わっていて、摂動論を適用するのは困難です。

「シュタルク効果_弱電場」のエクセルファイルは、電界の強さが1nmあたり0.1meV変化する場合の数値計算の結

果を表しています。この電界の変化の大きさは、先ほどの数値計算の10分の1です。このときのエネルギーは2.7109 meVで、エネルギーの変化は元の値の0.4％以下で、波動関数の形もほとんど変わっていません。こちらは摂動論が適用できる範囲内です。ただし数値計算で厳密な解が求まるわけですから、近年では摂動論の出番は少なくなってきています。

　ここで説明した摂動論は、無摂動の場合のエネルギー E_n がすべて異なる値をとる場合をとりあげましたが、異なる波動関数が同じエネルギーを持つ（縮退している）場合もあります。縮退している場合の解き方は、これより少し複雑になります。本書では説明を割愛しますが、興味のある方は是非専門書をご覧ください。

　なお、本書での摂動論の説明ではわかりやすくするためにハミルトニアンに Δ を使った項を入れましたが、一般的な教科書では、(12) 式で

$$\hat{H}' = \hat{H} + \lambda \hat{H}_1 \qquad (33)$$

と置く表示がよく使われます（Δ を使うと分散と誤解する恐れがあります）。

　(18) から (20) では、Δ の項の数によって、同じ大きさの項を区別しましたが、一般的な教科書では、λ が何乗であるかで同じ大きさの項を区別します。λ が0乗の項は0次の項であり、λ が1乗の項は1次の項であるという具合です。区別した後は、$\lambda=1$ と入れて λ の項を消してしま

います。大学の量子力学でこのλの意味がわからなくてとまどう学生が少なくないようですが、λは項の大きさを区別するために使われる便宜的なものです。

物理学の専門家の会話を聞いていると、時に「高次の項が効いている」などという表現に出くわします。高次の項とは、何か高級な項のように聞こえるかもしれませんが、効果の小さな項(Δ が多く付いている項) を表しています。

■時間に依存する摂動論

最後に時間に依存する摂動論を見ておきましょう。時間に依存する摂動論というのは、外から何らかの摂動が加わることによって状態が時間変化する場合を表します。具体的には、光の照射によって物質が光を吸収した場合や電子が上の準位から下の準位に落ちる際に発光を伴う場合などに相当します。この場合は時間を含むシュレディンガー方程式

$$i\hbar\frac{\partial \Psi}{\partial t} = \hat{H}\Psi \qquad (34)$$

を解く必要があります。時間に依存した摂動論は、標準的な量子力学の教科書に載っているので、ここでは式は追わないで、「摂動が光である場合」の重要な結果を紹介しておきましょう。

物質に光を当てると、電子を上のエネルギーの準位や下の準位に遷移させることが可能です。また、ボーアの原子模型で見たように物質中の電子がある波動関数の状態か

ら、よりエネルギーの低い別の波動関数の状態に遷移する際に光を出す場合もあります。もちろん、電子を遷移させるのは、光以外のものでも可能で、例えば、熱のエネルギーをもらったり、出したりして、電子が遷移する場合もあります。

その中で光の場合は、応用上も重要です。というのは、みなさんの身の回りにあるすべての発光体、例えば蛍光灯や、電球、携帯電話のキーを光らせている発光ダイオードまで、それらすべての発光はここで述べる話に関係しているからです。

結果を述べると、電子が波動関数 Ψ_i から Ψ_f へ発光を伴う遷移（これを**電気双極子遷移**と呼びます）を起こす確率は次の項に比例します。

$$\left|\int \Psi_f x \Psi_i dx\right|^2$$

この式の中身の x は、光の電場と同じ方向の電子の変位を表します。したがって実際は3次元で表現する必要がありますが、ここでは式を簡単にするために1次元にしています。つまり、光の電場も x 方向にかかっていると仮定しています。

この積分の結果がゼロになるかならないかは、前述の波動関数が奇関数であるか偶関数であるか（つまりパリティ）が関わってきます。電気双極子遷移は波動関数の間に座標 x を挟みます。x は、波動関数の中心を座標の原点にとると、原点より右でプラスであり、左でマイナスの奇関数です。したがって、電気双極子遷移の積分を計算して

ゼロにならないのは偶関数と奇関数の間に座標 x を挟んだものに限られます。つまり、**電気双極子遷移が起こるのは、偶関数から奇関数への遷移か、奇関数から偶関数への遷移に限られます**。これは発光だけでなく、電子が光のエネルギーをもらって、高いエネルギーの準位に遷移する場合にも適用されるきわめて重要な関係です。

波動関数のパリティは、ここでの光と電子の相互作用や、先ほどのシュタルク効果などで見たように、ある効果が起こるか起こらないかを決める要素になるので重要です。

■おわりに

これでシュレディンガー方程式の計算法についての基本的な知識を身につけていただけました。計算法について、もっと先まで進みたいという意欲をお持ちの読者も少なくないと思いますが、量子力学の基本的な骨格と実際の計算法の基礎を理解していただくという本書の目的はほぼ達成しえたと思います。したがって、ひとまずここで筆を擱くことにしましょう。

第3部は一見少しヘビーなように見えたかもしれませんが、シュレディンガー方程式を実際に使うためには最も重要な部分です。丁寧に読み返していただければ、きっと理解していただけると思います。読者のみなさんはシュレディンガー方程式を道具として扱うための極めて有益な知識を身につけたことになります。

付録

■波動関数の直交性

波動関数の直交性を確かめてみましょう。第１部の最後の無限に深い井戸での波動関数を考えることにします。次の式に波動関数を入れてみます。

$$\int_0^L \Psi_n \Psi_m dx = \int_0^L \sin\left(\frac{n\pi x}{L}\right)\sin\left(\frac{m\pi x}{L}\right)dx$$

ここで、高校の数学で習う三角関数の次の公式を使いましょう。

$$\sin x \sin y = \frac{1}{2}\{\cos(x-y) - \cos(x+y)\}$$

これを使って書き直すと

$$\int_0^L \sin\left(\frac{n\pi x}{L}\right)\sin\left(\frac{m\pi x}{L}\right)dx$$
$$= \frac{1}{2}\int_0^L \left\{\cos\left(\frac{n\pi x}{L} - \frac{m\pi x}{L}\right) - \cos\left(\frac{n\pi x}{L} + \frac{m\pi x}{L}\right)\right\}dx$$
$$= \frac{1}{2}\int_0^L \cos\frac{(n-m)\pi x}{L}dx - \frac{1}{2}\int_0^L \cos\frac{(n+m)\pi x}{L}dx$$
$$= \frac{1}{2}\frac{L}{(n-m)\pi}\left[\sin\frac{(n-m)\pi x}{L}\right]_{x=0}^{x=L} - \frac{1}{2}\frac{L}{(n+m)\pi}\left[\sin\frac{(n+m)\pi x}{L}\right]_{x=0}^{x=L}$$

となります。最後のところでは、規格化のときと同じく、コサインの積分はサインであるという関係を使っています。

さて、ここでnとmは整数なので、最後の式の $n-m$ や $n+m$ も整数です。xは0かLなので

$x=0$ の場合

$$\sin\frac{(n-m)\pi x}{L}=0$$

$$\sin\frac{(n+m)\pi x}{L}=0$$

$x=L$ の場合

$$\sin\frac{(n-m)\pi x}{L}=\sin(n-m)\pi=0$$

$$\sin\frac{(n+m)\pi x}{L}=\sin(n+m)\pi=0$$

となり、先ほどの式は $n\neq m$ の場合、必ずゼロになることがわかります。

定常状態のシュレディンガー方程式の解は、このようにエネルギーはとびとびの値をとり、波動関数は直交系であるという数学的な特徴を持ちます。

■分散とは

分散とは、ばらつきの大きさを表す量です。分散の期待値は分散の演算子を使って次のように書けます。

$$(\Delta A)^2 \equiv \langle \Psi | (\Delta \hat{A})^2 | \Psi \rangle$$

このままだと、分散という量がつかみにくいので、分散の演算子を右辺に代入してみましょう。すると

$$= \langle \Psi | (\hat{A} - \langle \Psi | \hat{A} | \Psi \rangle)^2 | \Psi \rangle$$
$$= \langle \Psi | \hat{A}\hat{A} - 2\hat{A}\langle \Psi | \hat{A} | \Psi \rangle + \langle \Psi | \hat{A} | \Psi \rangle^2 | \Psi \rangle$$
$$= \langle \Psi | \hat{A}\hat{A} | \Psi \rangle - 2\langle \Psi | \hat{A} | \Psi \rangle^2 + \langle \Psi | \hat{A} | \Psi \rangle^2 \langle \Psi | \Psi \rangle$$
$$= \langle \Psi | \hat{A}\hat{A} | \Psi \rangle - \langle \Psi | \hat{A} | \Psi \rangle^2$$

となります。ここでは、下から2行目で波動関数の規格化の条件を使っています。最後の行が分散を表しています。

これでもまだわかりにくいので演算子$\hat{A}$が位置の座標xである場合を考えてみましょう。すると、

$$(\Delta x)^2 = \langle \Psi | x^2 | \Psi \rangle - \langle \Psi | x | \Psi \rangle^2$$

となります。

波動関数としては、第1部の最後の無限に深い井戸の基底状態の波動関数を考えましょう。ただし、簡単のために井戸の中心を原点にとります。すると、第2項は、位置の期待値(すなわち平均値)なので井戸の中心(=原点)となりゼロになります。したがって、位置の分散は次の量になります。

$$= \langle \Psi | x^2 | \Psi \rangle$$

これは次の式で見られるように、位置xでの電子の存在確率(=波動関数の2乗)に、井戸の中心からの距離xの

2乗（距離xの正負にかかわらず2乗は常に正です）をかけて積分したものですから、

$$= \int \Psi(x)^* x^2 \Psi(x)\, dx$$

$$= \int \underbrace{\Psi(x)^* \Psi(x)}_{\substack{\text{位置}\,x\,\text{での}\\\text{電子の存在確率}}} x^2\, dx$$

波動関数が横に広がっているほど大きくなり、逆に、波動関数の広がりが狭いほど小さくなります。つまり、電子の位置のばらつきの大きさを表しています（図付-1）。

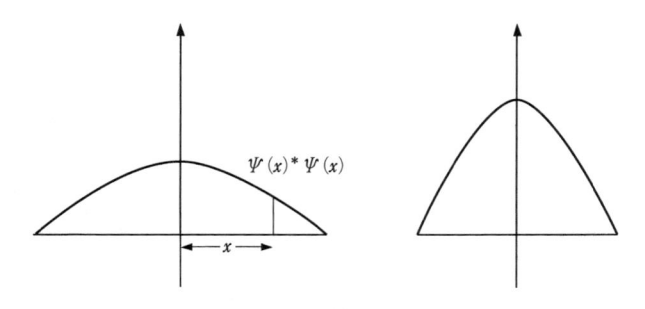

図付-1　右の波動関数の方が$(\Delta x)^2$が小さい

あとがき

　読者のみなさんとともに、量子力学の世界を旅しました。ここで理解したのは、シュレディンガー方程式を中心とする量子力学の世界です。量子力学はその発展の過程で、ハイゼンベルクやボーアを中心とする考え方と、シュレディンガーやド・ブロイを中心とする考え方の2つの流れが生まれました。特に、シュレディンガー方程式が生まれる前にハイゼンベルクは行列を使って量子力学の問題を解くことに成功しました。ハイゼンベルクの行列を使った方程式と、シュレディンガー方程式は、同じ答えを与えます。

　いくつかの量子力学の解説書では、ハイゼンベルクの行列方程式にもページを割いています。しかし、本書では、初学者を対象としてできるだけ見通しよく量子力学を理解してもらうために、行列方程式は割愛しました。

　前著の『高校数学でわかるマクスウェル方程式』では、電磁気学の基本をできる限り易しく解説しました。幸いにして多くの読者のご支持をいただき、ぜひ量子力学の解説書も出版して欲しいというご要望を多くの方から頂戴しました。今回、講談社の梓沢修氏の多大なご尽力とご助言によって出版の運びとなったことは著者にとっても大きな喜びです。

あとがき

　量子力学の勃興期には、ハイゼンベルクやシュレディンガーらの天才が群がり出ました。もちろん現代においても、シュレディンガーらに匹敵する天才はどこかに必ず存在していることでしょう。ハイゼンベルクらが名を成したのは、まさに量子力学という新しい学問のスタート時に活躍したからです。建設途上の学問の基礎に近いところで仕事をするほうが、本質的で大きな功績を残せる可能性が高まります。

　19世紀の終わりには、物理学のほとんどすべての問題は解決されたと信じられていました。しかし、プランクの仕事は量子力学という新しい学問の地平を切り拓き、決定論的なニュートン力学から、不確定性原理と確率に支配される量子力学的な世界観をもたらしました。

　おそらく、今この瞬間にも私たちがまだ気づいていないところで新しい天才たちが新しい学問の地平を切り拓いていることでしょう。読者のみなさんの中からも、未踏分野を切り拓く新しい力が生まれることを期待しています。

　シュレディンガー方程式の発表から18年後の1944年に、シュレディンガーは生命現象に物理学で迫る著作『生命とは何か』を発表しました。この著作は分子生物学という新しい学問分野の先駆けとなり、その9年後に、ワトソン、クリック、フランクリンが、物理学の手法を使ってDNAの構造を解明しました。

　最後に、シュレディンガーの言葉を再掲しておきます。

「君が日々営んでいる君のその生命は、世界の現象の中のたんなる一部分ではなく、ある確かな意味あいをもって現象全体をなすものだ」(『わが世界観』前掲書)

　2005年2月

　　　　　　　　　　　　　　　　　　　　　　　　著者

参考文献

『量子物理』 望月和子著 オーム社

「フォトンカウンティング領域におけるヤングの干渉実験」土屋裕、犬塚英治、杉山優、黒野剛弘、堀口千代春、テレビジョン学会誌、36 (1982) pp.1010-1012.

『MIT物理 量子力学入門 I, II』A.P. フレンチ、E.F. テイラー著 平松惇監訳 培風館

『量子力学 I, II』 朝永振一郎著 みすず書房

『わが世界観』 エルヴィン・シュレーディンガー著 橋本芳契監修 中村量空、早川博信、橋本契訳 筑摩書房

『部分と全体』 W.K. ハイゼンベルク著 山崎和夫訳 みすず書房

『アインシュタインの生涯』 C. ゼーリッヒ著 広重徹訳 東京図書

『千の太陽よりも明るく』 ロベルト・ユンク著 菊盛英夫訳 筑摩書房

『バガヴァッド・ギーター』 上村勝彦訳 岩波文庫

『量子論の発展史』 高林武彦著 ちくま学芸文庫

マルチメディア百科事典『マイペディア』日立デジタル平凡社

『文系にもわかる量子論』 森田正人著 講談社現代新書

参考文献

『ドイツ近代科学を支えた官僚』 潮木守一著　中公新書

さくいん

【数字, アルファベットほか】

4つの力	124
d 状態	109
f 状態	109
H	59
h	20, 31
$\hbar$	31
Hz	21
i	42
k	32
p	29
p 状態	109
RSA 暗号	147
s 状態	109
α 線	92, 132
α 粒子	92
β 線	132
γ 線	132
λ	16
ν	20
ϕ	53
Ψ	53
Ψ^*	62
$\Psi^*\Psi$	62
ω	32

【あ行】

アイソトープ	131
アインシュタイン	24, 69
アップ	117
アンペールの力	115
アンペール-マクスウェルの法則	95
位置エネルギー	58
一次摂動	181
井戸形ポテンシャル	75, 77, 155, 157
ウーレンベック	116
運動量	29, 56
運動量演算子	56
運動量の保存則	31
エイチバー	31
エネルギー固有値	59
エネルギー準位	83
エネルギーの保存則	31
エネルギー量子	22
エレクトロニクス	143
演算子	59, 61, 63
遠心分離機	139
円電流	114
円偏光	146
オイラーの公式	46, 54

【か行】

カイザー・ヴィルヘルム協会	23
解析的に解く	154, 176
回折格子	15, 16
外場	173, 176
可換な演算子	65
角振動数	32
角度波動関数	108, 109
確率の流れの密度	157
カー効果	127
可視光	17, 18
カルダーノ	42
干渉	33
干渉縞	35, 36
規格化条件	62, 80, 181
奇関数	172
奇跡の年	28
期待値	63
基底準位	83, 148
キュリー（ピエール）	132
キュリー（マリー）	132
境界条件	153
行列力学	103
虚数	41, 48
均一な磁場	114
偶関数	171
偶奇性	183
グラビトン	124
クーロン力	76
ゲート	143
ケルビン	17
ゲルラハ	112
原子核	91
光子	25, 124, 126
格子	94
光子計数器	36
格子振動	94
光電効果	26
高電子移動度トランジスタ	145
光量子仮説	25
光路差	16
固定端での振動	77
固有関数	59
固有値	59
コンプトン	29

【さ行】

歳差運動	118
差分	158
三次方程式の解法	42
散乱	93
時間に依存しないシュレディンガー方程式	59
時間に依存するシュレディンガー方程式	61
磁気量子数	108
指数関数	48
実数	42, 48
質量数	129
射的法	163
自由電子	26
重力	124
重力子	124
縮退	111

縮退が解ける	111
シュタルク効果	175, 182
シューティングメソッド	163, 170
シュテルン	112
シュトラスマン	134
主量子数	108
シュレディンガー	39, 85
障壁	75, 154, 156
ジョリオ=キュリー（イレーヌ）	128
ジョリオ=キュリー（フレデリック）	128
シラード	136
振動数	20
振幅	79
数値計算	155
数値的に解く	158
スピン	116, 146
スピン軌道相互作用	120
スピン量子数	117
スペクトル	16, 17, 20
スペクトルのピーク	18
スリット	35
絶対温度	17
摂動法	176
遷移	98
全エネルギー	58
ソース	143
存在確率	62
ゾンマーフェルト	102

【た行】

ダウン	117
タルターリア	43
弾性散乱	94
チャドウィック	128
チャンネル	144
中間子	130
中性子	128
直線偏光	146
直交系	84, 189
土屋裕	36
強い力	124
定在波	77, 78
ディラック	64
テイラー展開	46
電荷	76
電気双極子遷移	186
電子	90
電子雲	105
電子工学	143
電子の存在確率	190
電磁波	26, 95, 96
電磁力	124
電子ボルト	164
電磁誘導の法則	95
電波	95
同位原子	131
同位元素	131
同位体	131
動径波動関数	108, 109
統計力学	70
特殊相対性理論	28

ドナー	145
外村彰	38
ド・ブロイ	33, 100
トムソン	90
トランジスタ	143
ドレイン	143
トンネル効果	77

【な行】

長岡半太郎	91
ナノテクノロジー	143
波の振幅の2乗	51
波の絶対値の2乗	51
二次摂動	179
二重スリットの実験	35, 38
二重性	33, 38
ニュートン	20, 25

【は行】

ハイゼンベルク	103
ハイゼンベルクの不確定性原理	67, 69
ハウトスミット	116
パウリ	102
パウリの排他原理	121
波数	32
波束	71
波長	16
ハット	63
波動関数	52, 105
波動関数の2乗	190
波動関数の直交性	188
波動説	25
ハミルトニアン	59
バリア	75
パリティ	183, 187
パルス	71
ハーン	134
半減期	133
半導体レーザー	145, 157
光のエネルギー	20, 23
ファイ	53
ファラデー	95
フェルミオン	123
フェルミ-ディラック統計	122
フェルミ粒子	123, 124
フォトン	25, 124
フォトンカウンター	36
フォノン	94
不確定性原理	71
不均一な磁場	113
複素共役	48, 51, 62
複素数	48
複素数の極形式	48
複素数の絶対値	48
プサイ	53
ブラケット表示	64
プランク	20
プランク定数	20
フーリエ級数	73
フーリエ変換	73
フレミングの左手の法則	115
プロイセン	13

分光器	15,16,96	湯川秀樹	130
分散	189	溶鉱炉	13
分散の演算子	189	溶鉱炉の温度	14
分散の期待値	189	ヨルダン	103
ヘルツ（単位）	21	弱い力	124
ヘルツ	95		
ボーア	70,96		
ホイヘンス	25		
方位量子数	108		
ボース-アインシュタイン統計	70,122		
ボース粒子	122,123,124		
ボソン	123		
ポッケルス効果	127		
ポテンシャル	75		
ポテンシャルエネルギー	58		
ボルツマン	69		
本質的な不確定性	70		

【ら行】

ラザフォード	91
粒子説	25
量子井戸	148,157
量子エンタングルメント状態	148
量子計算	147
量子コンピューティング	147
量子数	84
量子相関状態	148
量子もつれあい状態	148
臨界	138
ルジャンドル関数	109,157
レーナルト	26
連鎖反応	136
ローレンツ力	111

【ま行】

マイトナー	134
マクスウェル	20
マクスウェル方程式	26
マックス・プランク協会	24
マンハッタン計画	138
ミリカン	90
無摂動系	177

【や行】

ヤング	36
ヤングの干渉の実験	26

N.D.C.421.3　　202p　　18cm

ブルーバックス　B-1470

高校数学でわかるシュレディンガー方程式
量子力学を学びたい人、ほんとうに理解したい人へ

2005年3月20日　第1刷発行
2022年9月6日　第27刷発行

著者	竹内　淳	
発行者	鈴木章一	
発行所	株式会社講談社	
	〒112-8001　東京都文京区音羽2-12-21	
電話	出版　03-5395-3524	
	販売　03-5395-4415	
	業務　03-5395-3615	
印刷所	（本文印刷）株式会社KPSプロダクツ	
	（カバー表紙印刷）信毎書籍印刷株式会社	
製本所	株式会社国宝社	

定価はカバーに表示してあります。
©竹内　淳　2005, Printed in Japan
落丁本・乱丁本は購入書店名を明記のうえ、小社業務宛にお送りください。
送料小社負担にてお取替えします。なお、この本についてのお問い合わせは、ブルーバックス宛にお願いいたします。
本書のコピー、スキャン、デジタル化等の無断複製は著作権法上での例外を除き禁じられています。本書を代行業者等の第三者に依頼してスキャンやデジタル化することはたとえ個人や家庭内の利用でも著作権法違反です。
R〈日本複製権センター委託出版物〉複写を希望される場合は、日本複製権センター（電話03-6809-1281）にご連絡ください。

ISBN978-4-06-257470-5

発刊のことば

科学をあなたのポケットに

　二十世紀最大の特色は、それが科学時代であるということです。科学は日に日に進歩を続け、止まるところを知りません。ひと昔前の夢物語もどんどん現実化しており、今やわれわれの生活のすべてが、科学によってゆり動かされているといっても過言ではないでしょう。
　そのような背景を考えれば、学者や学生はもちろん、産業人も、セールスマンも、ジャーナリストも、家庭の主婦も、みんなが科学を知らなければ、時代の流れに逆らうことになるでしょう。
　ブルーバックス発刊の意義と必然性はそこにあります。このシリーズは、読む人に科学的に物を考える習慣と、科学的に物を見る目を養っていただくことを最大の目標にしています。そのためには、単に原理や法則の解説に終始するのではなくて、政治や経済など、社会科学や人文科学にも関連させて、広い視野から問題を追究していきます。科学はむずかしいという先入観を改める表現と構成、それも類書にないブルーバックスの特色であると信じます。

一九六三年九月

野間省一

ブルーバックス　物理学関係書（III）

- 2061 科学者はなぜ神を信じるのか　三田一郎
- 2078 独楽の科学　山崎詩郎
- 2087 「超」入門　相対性理論　福江純
- 2090 はじめての量子化学　平山令明
- 2091 いやでも物理が面白くなる　新版　志村史夫
- 2096 2つの粒子で世界がわかる　森弘之
- 2100 プリンシピア　自然哲学の数学的原理　第I編　物体の運動　アイザック・ニュートン／中野猿人＝訳・注
- 2101 プリンシピア　自然哲学の数学的原理　第II編　抵抗を及ぼす媒質内での物体の運動　アイザック・ニュートン／中野猿人＝訳・注
- 2102 プリンシピア　自然哲学の数学的原理　第III編　世界体系　アイザック・ニュートン／中野猿人＝訳・注
- 2115 「ファインマン物理学」を読む　量子力学と相対性理論を中心として　普及版　竹内薫
- 2124 時間はどこから来て、なぜ流れるのか？　吉田伸夫
- 2129 「ファインマン物理学」を読む　電磁気学を中心として　普及版　竹内薫
- 2130 「ファインマン物理学」を読む　力学と熱力学を中心として　普及版　竹内薫
- 2139 量子とはなんだろう　松浦壮
- 2143 時間は逆戻りするのか　高水裕一

- 2162 ゼロから学ぶ量子力学　竹内薫
- 2169 宇宙を支配する「定数」　臼田孝
- 2183 思考実験　科学が生まれるとき　榛葉豊
- 2193 早すぎた男　南部陽一郎物語　中嶋彰
- 2194 「宇宙」が見えた　
- 2196 トポロジカル物質とは何か　長谷川修司
- アインシュタイン方程式を読んだら　深川峻太郎

ブルーバックス　物理学関係書（Ⅱ）

1912	光と色彩の科学	齋藤勝裕
1905	量子もつれとは何か	古澤 明
1894	「余剰次元」と逆二乗則の破れ	村田次郎
1871	傑作！物理パズル50　ポール・G・ヒューイット 松森靖夫"編訳	
1867	ゼロからわかるブラックホール	大須賀健
1860	宇宙は本当にひとつなのか	村山 斉
1836	物理数学の直観的方法〈普及版〉	長沼伸一郎
1827	現代素粒子物語（高エネルギー加速器研究機構KEK協力）	中嶋 彰/KEK
1815	オリンピックに勝つ物理学	望月 修
1803	宇宙になぜ我々が存在するのか	村山 斉
1799	高校数学でわかる相対性理論	竹内 淳
1780	大人のための高校物理復習帳	桑子 研
1776	大栗先生の超弦理論入門	大栗博司
1738	真空のからくり	山田克哉
1731	発展コラム式　中学理科の教科書　改訂版　物理・化学編	滝川洋二"編
1728	高校数学でわかる流体力学	竹内 淳
1720	アンテナの仕組み	小暮裕江
1716	エントロピーをめぐる冒険	鈴木 炎
1715	あっと驚く科学の数字　数から科学を読む研究会	
1701	マンガ　おはなし物理学史　小山慶太"原作　佐々木ケン"漫画	
1924	謎解き・津波と波浪の物理	保坂直紀
1930	光と重力　ニュートンとアインシュタインが考えたこと	小山慶太
1932	天野先生の「青色LEDの世界」	天野 浩/福田大展
1937	輪廻する宇宙	横山順一
1940	すごいぞ！身のまわりの表面科学	日本表面科学会
1960	超対称性理論とは何か	小林富雄
1961	曲線の秘密	松下泰雄
1970	高校数学でわかる光とレンズ	竹内 淳
1981	宇宙は「もつれ」でできている　ルイーザ・ギルダー　山田克哉"監訳/窪田恭子"訳	
1982	光と電磁気　ファラデーとマクスウェルが考えたこと	小山慶太
1983	重力波とはなにか	安東正樹
1986	ひとりで学べる電磁気学	中山正敏
2019	時空のからくり	山田克哉
2027	重力波で見える宇宙のはじまり　ピエール・ビネトリュイ　安東正樹"監訳/岡田好恵"訳	
2031	時間とはなんだろう	松浦 壮
2032	佐藤文隆先生の量子論	佐藤文隆
2040	ペンローズのねじれた四次元　増補新版	竹内 薫
2048	$E=mc^2$のからくり	山田克哉
2056	新しい1キログラムの測り方	臼田 孝

ブルーバックス　物理学関係書 (I)

79	相対性理論の世界	J・A・コールマン／中村誠太郎"訳
563	電磁波とはなにか	後藤尚久
584	10歳からの相対性理論	都筑卓司
733	紙ヒコーキで知る飛行の原理	
911	電気とはなにか	小林昭夫
1012	量子力学が語る世界像	和田純夫
1084	図解 わかる電子回路	室岡義広
1128	原子爆弾	山田克哉
1150	音のなんでも小事典	日本音響学会"編
1174	消えた反物質	小林誠
1205	クォーク 第2版	南部陽一郎
1251	心は量子で語れるか	ロジャー・ペンローズ／中村和幸"訳
1259	光と電気のからくり	山田克哉
1310	「場」とはなんだろう	竹内薫
1380	四次元の世界（新装版）	都筑卓司
1383	高校数学でわかるマクスウェル方程式	竹内淳
1384	マクスウェルの悪魔（新装版）	都筑卓司
1385	不確定性原理（新装版）	都筑卓司
1390	熱はなんだろう	竹内薫
1391	ミトコンドリア・ミステリー	林純一
1394	ニュートリノ天体物理学入門	小柴昌俊
1415	量子力学のからくり	山田克哉
1444	超ひも理論とはなにか	竹内薫
1452	流れのふしぎ	石綿良三／根本光正"著
1469	量子コンピュータ	竹内繁樹
1470	高校数学でわかるシュレディンガー方程式	竹内淳
1483	新しい物性物理	伊達宗行
1487	ホーキング 虚時間の宇宙	竹内薫
1509	新しい高校物理の教科書	山本明利／左巻健男"編著
1569	電磁気学のABC（新装版）	福島肇
1583	熱力学で理解する化学反応のしくみ	平山令明
1591	発展コラム式 中学理科の教科書 第1分野（物理・化学）	滝川洋二"編
1605	マンガ 物理に強くなる	関口知彦"原作／鈴木みそ"漫画
1620	高校数学でわかるボルツマンの原理	竹内淳
1638	プリンキピアを読む	和田純夫
1642	新・物理学事典	大槻義彦／大場一郎"編
1648	量子テレポーテーション	古澤明
1657	高校数学でわかるフーリエ変換	竹内淳
1675	量子重力理論とはなにか	竹内薫
1697	インフレーション宇宙論	佐藤勝彦

ブルーバックス

ブルーバックス発の新サイトがオープンしました!

・書き下ろしの科学読み物

・編集部発のニュース

・動画やサンプルプログラムなどの特別付録

> ブルーバックスに関する
> あらゆる情報の発信基地です。
> ぜひ定期的にご覧ください。

ポチッ

| ブルーバックス | 検索 |

http://bluebacks.kodansha.co.jp/